光明城

LUMINOCITY

看见我们的未来

一粒迷楼

一百平方米老房子的改造潜力

张波　张清帆　著

同济大学出版社
TONGJI UNIVERSITY PRESS

目录

引子

我仿佛一所小楼，
风穿过，柳絮穿过，
燕子穿过像穿梭，
……

卞之琳《白螺壳》

经过三个月的设计和六个月的建造，我们完成了一个面积110平方米、楼龄逾十年的坡屋顶老居民楼的室内设计。虽然家装市场非常完备，从概念到家具都可直接拿来使用，但正因这一流水线的操作鲜有能让想象力见缝插针之处，我们不甚满足。我们希望用贴合日常的琐细愿望磨去概念的棱角，与既存的建筑边界合谋出新意，也希望靠近手工制作的细腻。我们设想，这是一次旧建筑改造和家具设计之间的工作，希望既能回应复杂的生活需求，也能承载内心对诗意的诉求。

对于建筑师来说，大部分精力投入在设计大尺度建筑上，较少接触微小至一个家的室内设计。但对每个人来说，无论多么享受现代公共场所的舒适感，属于自己的咫尺小室仍是重要的。近几十年的城市剧变，普通人的生活也随之频繁变动，但每个人都会对家——抚慰日常辛劳的一席之地——有着热切的梦想并具体地期待着。在我们看来，让梦想成真的，不是种种风情——西班牙、意大利或日式的线脚、家具、色彩，而是去除了乱花渐欲迷人眼的时尚标签，诚恳贴近个人内心的精心设计。在属于自己的空间里，人们养精蓄锐，为愉悦自己而劳作。设计来自使用者的生活理想，这既需要一个人对自己追问，也需要设计师的挖掘，彼此深入沟通，才能逐渐清晰地勾勒出生活的可能性，使每个角落都积极起来，不必千篇一律总是客厅沙发电视墙。

在这次改造中，我们把多层住宅里的小单元格当作一栋房子，甚或一个园子去经营。争取挖掘现状的潜力，使空间彼此呼应，尽量物尽其用，并卸下过度设计、材料堆砌的紧张感，尝试邀请诗意入驻。我们不无乐观地想，这一因地制宜的可能性，也可以在一个居室，以另一种方式再生，或许，可称之为“一粒迷楼”[1]——无数的居住单元，无数的未知解答，如同在园林中乐而忘返——借一丝古人趣味，寻找一个可能解答，只是因时而异，因地而异，因人而异。

在记忆里，一处局促、又别有生活意趣的居所，是明代李日华《味水轩日记》所录的半间老屋，房主很普通，屋子很小，堆得很满，生活和今天的“幸福”似乎很有一段距离，但在这质朴得近乎透明的氛围里，独享一份自在。

“项老，歙人。初占籍仁和为诸生，以事谢去，隐西湖岳祠侧近，老屋半间。前为列肆，陈瓶盎细碎物，与短松瘦柏、蒲草棘枝堪为盆玩者。率意取钱籴米煮食。有以法书名画来者，不吝倾所蓄易之。支床堆案，咸是物也。其中不能无良楛，而意自津津。……老遂独居，朝起或懒炊，即汲西湖水盥醴，出数钱买炉饼食之，率此度日。晨暮非剪拂松竹，即翻阅书画，

1.“迷楼”，多引用自隋炀帝的“迷楼”。在此引用，只取字面意思，而不取其中的政治含义。借用的方式，“迷楼”如同“迷园”，只因是在住宅楼中的小小单间，但希望其中自有园林般的逶迤曲折和诗意气质。

或支颐看山，意绪忽忽。……住湖上十余年，人渐渐识之，亦不改其操也。项老名宠叔，号玉怀道人。余赠以诗云：西湖流水供濯足，南屏山色对梳头。雨夜酣眠琴当枕，雪朝枯坐絮为裘。盆花巧作千金笑，壁画赀雄万户侯。何用更寻高士传，先生标格在林丘。”

明代唐寅名为《事茗图》的画里场景，正是一位隐士在茅屋里等待友人来访，不知“老屋半间”是否类同画中士人所处，或是更小？项老和书画、盆玩、瓶盎细碎拥挤一处，眼前始终有景，心底始终自在。虽然不是隐居，也是颇令人羡慕的“独与天地精神往来”。

经历了若干年激情澎湃的建筑学生，做了若干年磨合现实与理想的建筑师，我们得承认，自己已不假思索地将现代建筑的经典作品当作手头工作追逐的梦想，又或许，追逐中已遗失了其中的时代因素、精神旨趣、价值取向，唯余形式目标而已。我们该追问自己，今日的形式取向，究竟是基于生活的需求？

[明]唐寅《事茗图》

基于美的设想？还是基于效率的要求？抑或是基于一种特定的价值观？而我们的生活理想，在时间和空间的长河里是唯一一块能够落脚的石头吗？如果贴标签影响了梦想的深度和广度，我们不妨暂且不提。遵从美的法则和生活的愿望，认同带来新希望的，只是新的美。

在这本书里，我们尝试还原设计的形成过程，并从中总结经验和教训。插入的若干笔记，补充在平常设计中，来自我们自己读书、看画的点滴体验，不成熟亦不周全，但期待或可有所激发。

我们期待回忆过去，我们不知如何回忆过去。那些回忆就像一根根细线，为今天每一处的设计牵引一股力。我们相信，“壶中天地”的空间观念带来的影响，不只是小说般的慰藉和幻觉，更是实地可感的小中见大。经营园林、绘画、盆景、家具、陈设、饮食起居的点滴细节，都是为现实增彩的艺术创造，是同一起点出发的不同叙事方式，是给生活注入想象力的点铁成金。

一百平方米老房子的改造潜力

睁开眼睛——我们常去巴黎市中心的一座小型马车夫餐厅吃饭。
厨房和吧台（柜台）位于底层；
阁楼把房间的高度一分为二；
门面朝向街道。
有一天，我们突然意识到这就是证据，
证明每一种建筑机制都能与人类住宅的组织相通。

《勒·柯布西耶全集》第一卷

一、概念的零度

刚开始接触这个普通住宅楼的室内改造项目时，我们也困惑，还有多少机会可以见缝插针地放入想象力？很多家装队施工免费送设计，但却是效果图的任意拼贴，原本鲜活的生活梦想，被简化为装饰风格的选择。我们更希望和使用者一起从真切的体验和需要开始，寻求最终的动人之处。

通常，我们总是习以为常地从一个悬在空中的概念开始，从一个预设的智力游戏开始，从一个超出日常的愿景开始。那些概念游戏，或许来自某本书、某个建筑项目的独特开端、某个适应特定环境的可能性。但是，概念也并非纯粹的抽象，它们携带着各种形状、各种观看的角度、体验的方法、价值的侧重。这也许可以解释，为什么在不同的场地里，我们却往往得到相似的建筑形式和解决方案。尽管借用流行的审美趣味，似乎无伤大雅，但很可能遮蔽了一个基地的真实需要，以及激发创造力的可能。在我们的经验里，每一个真实的项目和场地，具体的需要如同人们因时而异的感受，不断变化，千差万别。也许这更该是建筑师可以倾听和仰赖的设计起点，不妨让概念暂时缺席，从“概念的零度”出发。这并非去除智性，而是需要更多对现实的关注、对美的敏感，需要更多的现场体验，需要细心珍藏那些触碰内心的启发。

在设计工作里，投入的欲望越复杂，越容易变成一个“寻找麻烦”的过程。也许实现理想的过程就像一条抛物线，从一无所有的起点开始，梳理、抚平所有欲望，让最初的愿望在现实里落地。

二、小房子的想象力

第一次去看场地，是一个早春的中午，旧装修用木板包裹起墙裙，包裹起在每个房间穿插的暖气管道，这些包裹颇费空间，也阻挡了不少光线，让房子显得睡意沉沉，无精打采。房间不少，但每个房间面积都不大，此前的住户似乎对小开间无能为力，在管道和木板过度包裹的剩余空间里，床的方向、书桌的朝向、沙发的尺度以及家具之间，看上去似乎有些尴尬。某种意义上，生活正是各种物件在家里咬合而成的地图，为达适用，不可不花心思去编织。

设计什么样的住宅？这意味着要回答，选择什么样的生活。

窗明几净，气定神闲。尽管今天，直接住在土地上太过奢侈，人们只有选择居民楼里这个盒子或那个盒子的自由。而选择盒子的自由，也附带着被户型隔墙约束的不自由。面对这些束缚，怎样才能争取到一些自由呢？

拆旧之后，我们面对的设计基础，是一个坡屋顶跃层单元房，砖混结构，两层，共七个房间，东西朝向。这意味着早晨更早迎来阳光，晚上更晚告别太阳。朝阳涌入厨房和客厅，夕阳浸染卧室和阳台。我们试图寻找光线在这个家里的通道，也试着梳理因此而合理的活动流线，再把一些琐碎之处进行归类，希望使原本难以利用的消极角落也积极起来。总之，凡是那些让人感觉不适之处，务必逐一改变，而有着诗意潜能的地方，要使之更好发挥。

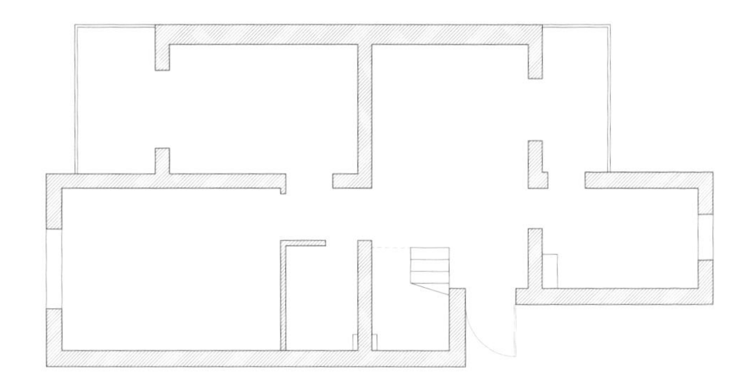

原一层平面

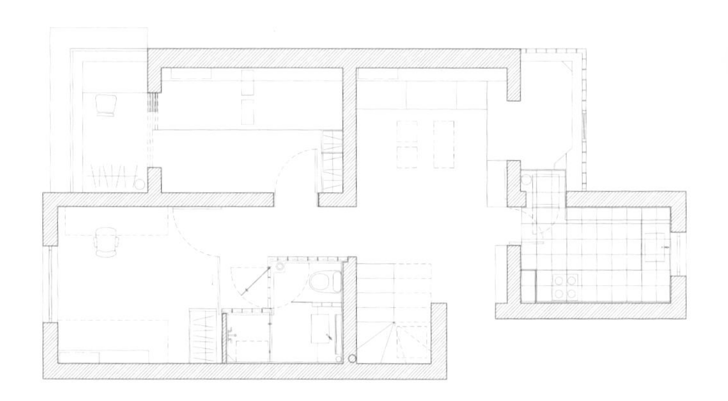

一层平面

从阳光开始

依照光线条件，一层两间西向的房间仍是卧室，二层西向的房间因为是间接的采光，设计为工作室。

一层客厅东向连着一个小阳台为客厅采光，于是设想一个贴着北墙的榻，向东延伸至阳台窗下。这样一来，东窗的榻上，就可以成为两三人的促膝茶室。为方便储藏，榻分内外两部分，靠墙可以翻盖储藏，靠外可以移动，拼摆成餐桌，以应对聚餐的人数变化。

卫生间夹在楼梯间和主卧室之间，暗淡无光、尺寸狭长、

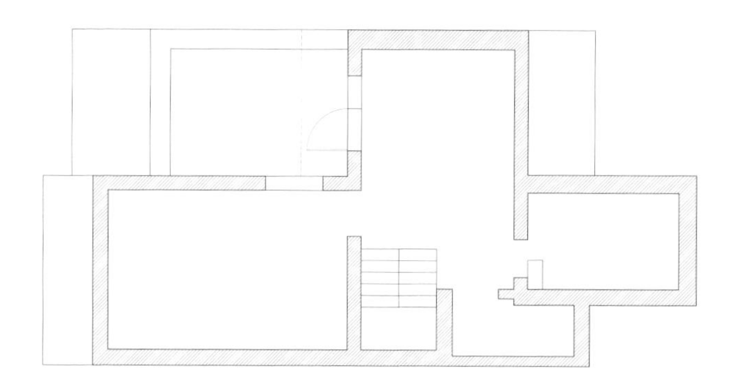

原二层平面

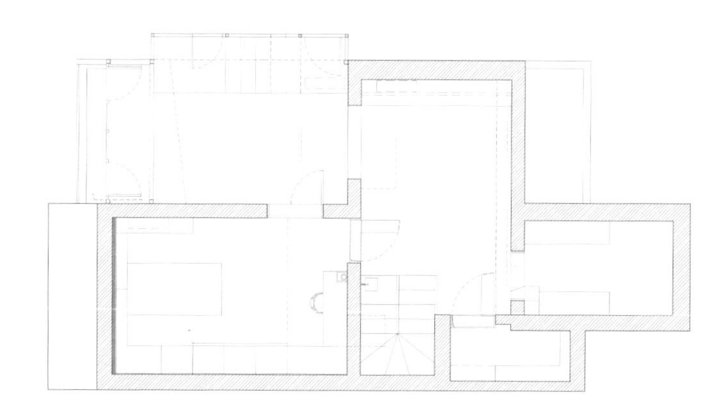

二层平面

开门朝向客厅。于是打掉卫生间与主卧之间的不承重隔墙，使主卧退让出一间淋浴间，也在主卧和卫生间之间留出一个入口空间，卫生间不必再尴尬地朝向客厅开门，而卫生间的玻璃砖隔墙则可以保障白天不开灯也可以使用。卫生间和卧室共有的迂回入口空间里，主卧墙面做通高的平开门和推拉门，需要时可以完全打开，使卧室和客厅连在一起，下午可以为客厅弥补光线。

西向小卧室的阳台上，也见缝插针地布置了一个小写字台，利用整个下午充足的阳光。

为小空间归类

零碎的空间格局里，我们还需争取把小空间变成大空间的感受。阳光影响之余，我们需要解决的便是将一些零碎、又不可或缺的功能进行协调，它们占用了不少空间，安排起来甚是棘手；如果随意布置，又看上去剩余且消极。这些都需要合并同类项，寻找一种归类法。它与尺度最为相关，其次拷问想象力。

从现状看，入口楼梯起步紧临入户门，楼梯平台下挤着不舒服的洗手池。因此，第一步便是将楼梯翻转，使第一跑贴着卫生间的墙。洗衣机恰好可以藏在楼梯平台下，排水管做坡度引入卫生间的下水管。

厨房狭长，如果冰箱放在厨房里，突兀又占面积，为它在客厅小阳台上划一块凹陷的藏身处，令厨房本身空间完整。从客厅看过来，冰箱也正好隐匿不见。

小卧室的面宽 2.4m，进深 3.6m，很狭长，如何布置好呢？对比几种可能之后，我们设想用“榻”来完成床的功能，衣柜、书柜二合一，藏在门后，并在榻的一端凹陷出一个“床头柜”，床头上方的书架，则藏在正面看不到的侧向开柜里。在榻结束之处，即阳台门洞里，做出四扇湘妃竹推拉门隔断，为小卧室过滤出夕阳，也为松木指接板的柜门上留下竹影婆娑。小卧室的阳台上，靠北嵌一张板子做书桌，西窗下做一排 20cm 进深的小储物柜。

归类琐碎的空间，还意味着可以更多地从家具去争取。譬如，二层三处柜子和门二合一，这些门并不需要上锁密封，而是需要争取多一些储藏和趣味。一层的三个房间书架统一高度，挂在墙上，并做外盖的柜门避免灰尘，空调机也规划在柜子里。一层厨房里，早餐板用风钩挂在墙上，不用的时候可以卸下。早餐板上方，设计了房屋剖面变形而来的杂物架，架子当然可以是横平竖直，但也可以挪用形式、杂陈材料，大小不一的搁架恰好适应厨房内并非整齐划一的置物需要。最关键的是，这一处异形的设计，包含着手工的温度，似乎有些令日常升华的魔力。

此外，所有榻的下方都是储藏空间，譬如小卧室的床板下方，是放置被褥和衣物的抽屉；一层客厅东边阳台的榻下方，也是内部划分了隔板的翻盖储藏台。

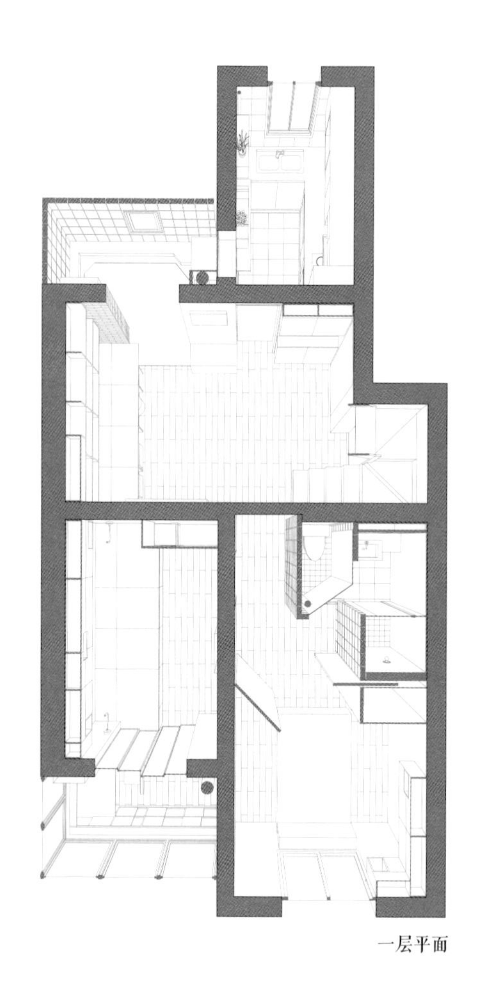

一层平面

邀请诗意落脚

邀请诗意落脚，或许有几个层面：首先希望为光线的变化、材料的质感表现提供途径，这需要挖掘场地的潜力，也需要选择合适的材料；其次，也是更重要的，为使房间之间的连缀关系变得灵动，还需在剖面关系中探索。

老房子是砖混结构，原砌筑材料便是红砖，一层和二层北侧山墙做固定书架，便决定将这一整面墙剥去原先的水泥砂浆，经过打磨、刷清漆，以整面的红砖墙铺垫一个素朴的本色。

其次，玻璃砖也为室内空间增彩不少。玻璃砖的尺寸和砌筑的方式，和红砖墙相近。玻璃砖双层玻璃过滤光线、并带有略微弧度的表面，就像一个透明发光体，对光线的折射都有一

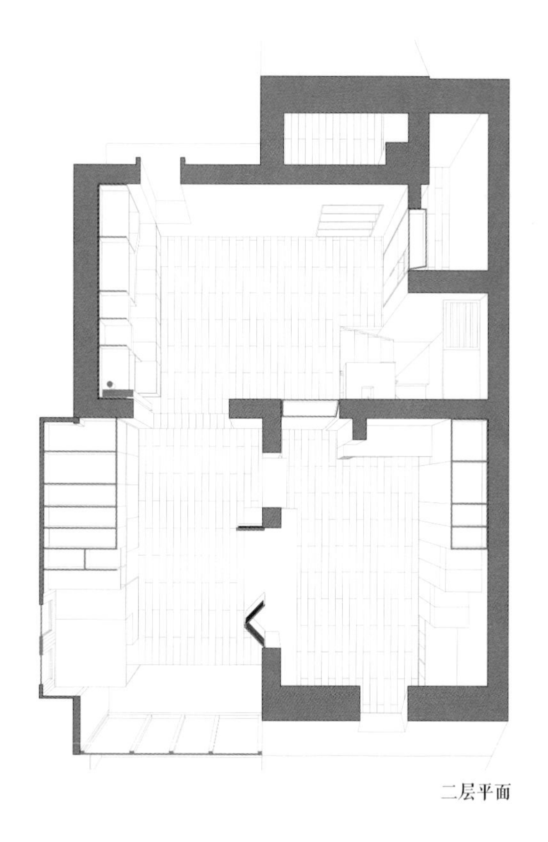

二层平面

种蕴藉，朦胧如同薄雾。我们用在东面阳台上做外墙，也用做室内卫生间的围合墙，改善光线的条件，也增加安静的氛围。

朝西总有西晒，西晒带来炫目的强光，也带来金色的夕阳，遮蔽的同时也要利用。于是西向的几个房间，大家商定选用带青皮的竹帘做窗帘，尤其在二楼阳台，耐晒、耐潮湿的竹帘可以挂在室外，西晒来时，竹帘滤出静谧的光影。一楼小卧室也在夕阳浸染范围之内，于是在阳台和卧室之间，设计了四扇湘妃竹的推拉门。夕阳西下时，“日光穿竹”，透过湘妃竹间隙的光和湘妃竹的影子，随时间在墙面上不断变幻着痕迹。自然的风、树、竹影、花卉，如果能够在房子里为我们记录时间的点滴流动，也正是我们建造的目的，为美出神，不囿于此时此地的小小空间。

二层坡屋顶高度为4.5m，山墙固定书架下更要有随意坐卧之处才好，于是一层的书架下方设计为长榻，二层为一处能躺卧的榻，“山洞”上沿装灯，晚上点亮，红砖斑驳，别有趣味。

二楼原本没有洗手间，在楼梯间上方增设一个悬挑的洗手台，水龙头装好后，临空汲水的感觉颇有些野趣。二层阳台以瓦铺地，带来室外感，也为了花盆掉下的渣土和污水方便清理。

我们曾在园林里收获了很多超出日常的空间体验，其中最精彩的便是嶙峋的山意。换言之，是山中的剖面关系，高下远近的混淆，咫尺空间里能有很多层次的体验。我们希望山意也能转化在这个小房子里。一处想法是，为利用二层坡屋顶的高度，也为凸显其高，在屋脊下设计了两处悬挑的小平台，仅容一人凭栏，又是另一种视角。站在二层客厅向上望，小平台也是人的身体可及的尺度提示，也是空间利用的提示。当然，这两处平台也并非仅为视觉服务的摆设，从阳台向室内出挑的木格栅洞口兼做过滤夕阳的“灯”；楼梯上方出挑的平台延伸出角钢架，可以置物。

在阳台和工作室之间，有一处可随意坐卧的设计，利用阳台地面高于工作室的30cm高差，阳台窗口的坐凳高度正好也是工作室窗口延伸出的桌面，一举两得。可惜后来未能实现。

三、手艺的用武之地

因为家具与空间互相咬合，所以有不少木工活。木工师傅李斌曾打过雕花老家具，但可惜近十年装修里，做的都只是石膏板造型吊顶或是更为程式化的活计。我们暗暗窃喜，庆幸师傅的手艺在这一次设计里稍许得到了发挥和尊重。我们常和师傅讨论如何解决细节，获益匪浅。最初选用木材时，设想用1.7cm的松木指接板。随后发现，在跨度更大，更贴近人体的地方需要一种更坚固更厚的木板，于是增加了2.0cm厚的水曲柳指接板。新的可能、新的需要，或是不需要、不可能，更多想法是在现场得来的，在现场发现的。

此外，我们也做了配合使用的可移动小家具。值得一提的是竹面小凳子（分带轮子的和不带轮子的两种）和小茶几。两件小家具和室内氛围比较贴切，因竹材亲切，方便融入环境，方便日后被淡忘在时间里。做小家具的初衷仍是希望恰到好处地糅合功能和审美，力求“应物象形”和“文质彬彬”。

竹面小凳子是30cm见方，比通常坐具的40cm左右略矮，因为立方体再大就会显得笨重。凳子面最初设想的是用竹片编织，但竹片比预想的要厚1cm的厚度，编出来会有大的缝隙，因此放弃了编织的想法，采用竹片平行排列。凳子侧面带一个小门，里面可以储藏，为求方便做了扣的开口，也方便把小凳子拎起来。

茶儿搭配矮坐具，高度是 40cm，宽度是 30cm，适宜在坐榻上、床上阅读时盘腿坐时使用，也适合两三个人喝茶或吃饭用。茶儿榫卯结构，因为时间仓促，很不够精致。刚做时，竹子的青皮还很鲜艳，渐渐就褪成黄色，时间再久一些，最终会变成红色。

工地的磨合过程中，想象中的轻，逐渐变为现实中的重。尽管是普通的室内设计，一个小住宅的潜力可见一斑。设计一个小房子，如果回到最初的愿望，是希望接纳自然微妙的变化，是希望看到更多、感受到更多的胸襟，也是尽情游走和宁静休憩的愿望。如果没有机会做一个上千平方米的完整园林，只有手头零敲碎打一角半边的小活计，我们读的园林著作、体验到的绘画情景，以及在园林里的种种幻想，就成为屠龙之技了吗？日本 wabi-sabi 的侘寂美学，似乎可以蔓延至生活里所有的边角，我们的绘画、园林、诗文典籍里没有总结成箴言式的美学关键词，但我们也有待将那些点滴体会记录下来，经由尺度的、材料的、意境的转化，因地制宜地放在今天的日常生活里。这需要我们诚恳地处理眼前资源，借由对幸福的想象进入世俗与日常，相信据此可以抵达诗意。

工地散记

日记记录进程，

也是记录定夺的过程。

回到现场，

是建筑设计的一种描述方式。

原阁楼小卧室

2013 01

31

—

房子里的雾霾

又一个设计要开始了，这是一个20世纪90年代末刚刚告别筒子楼时的那种单元房，六层，顶层跃七楼。我们第一次接手住宅室内设计项目。

今天第一次去看这个单元房，房子很老旧，光线昏暗。一进门就是个小客厅，仅仅一组转角沙发和桌子就占据了主要空间，满满当当，很拥挤。东向的窗户上摆着一台庞大的电视，后面是厨房用的阳台，光线透过阳台和电视的两重阻隔，进入客厅已经很微弱了。

转去西侧的两个卧室，格局是中国90年代卧室格局的普遍代表，像是组织上安排的相亲，僵硬的四目相对。楼梯紧挨着卫生间，卫生间的面积显然不够使用，所以在楼梯侧面另外安排了洗手池，正对客厅。窄小的楼梯上楼，是和一层上下位置相同的书房，有坡屋顶的卧室，高度渐变，所以原来的屋主干脆做了个榻榻米，用另外一种策略抵抗室内不断降低的高度，也算是一种办法吧。

一层客厅入口

原客厅

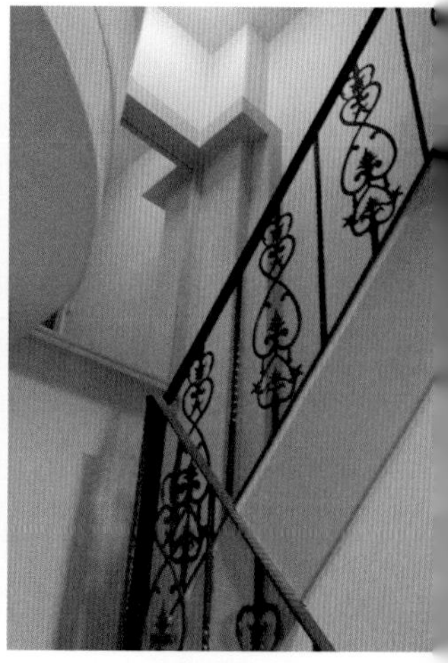

楼梯里盘桓着一根
包了木板的水管

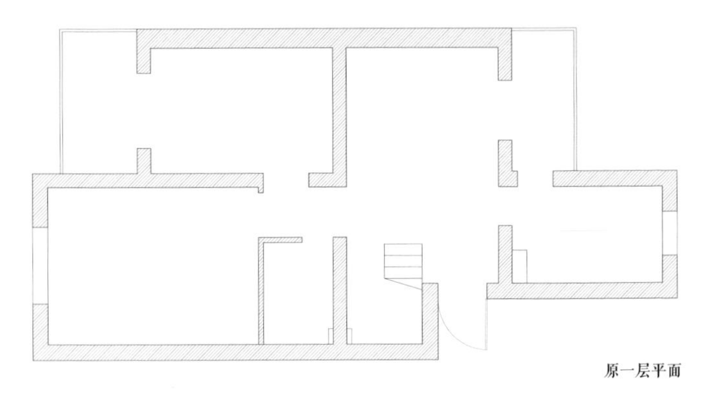

原一层平面

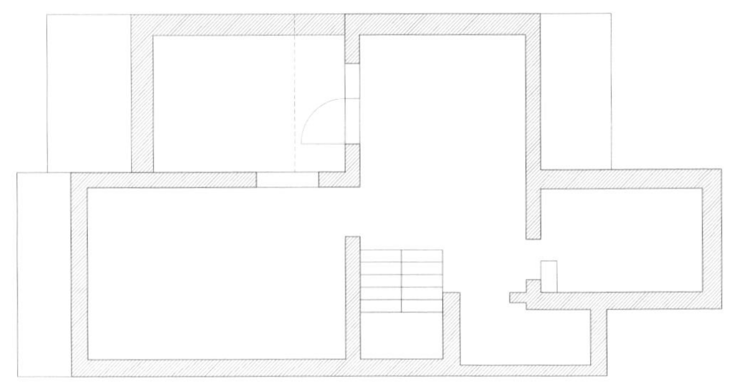

原二层平面

2013 02

21

—

小房子的自由

新家应该变成什么样子？女主人是个学霸，要把家里搞成硬邦邦的自习室；男主人却说他热爱生活，喜欢偷懒，休闲、轻松、愉快应该成为家里的主调。这两种相反的想法是不是一定矛盾，如何调和，成为接下来要先搞定的事情。不过不论怎样，让家里充满归属感，让主人在这里得到休息，养神充电，应该是不变的主题。

昨晚请一位做施工的朋友介绍了一位做装修拆旧工程的师傅，带他们去看了房子，讨价还价半天，最后工头靠在楼梯扶手上，一幅老实巴交不肯退让的样子，吐出底线，“不少于一万三，工期至少十天，否则干不了。”无奈，还是求助伟大的网络吧，于是找到一个专做拆旧的公司，电话中报价只要两三千。

今天早上这位工头去房子里看了一眼，说需要三四天拆完，六千块。稍后又询问附近一家装修店，也是这个价钱，当即拍板定下了。

原阁楼小卧室

2013 03

05

——

原房已搬空

发现原先设计的几处硬伤：

1. 洗手间太小；2. 东侧窗户太小，且光线透过阳台和窗户两层过滤，客厅日间光照条件太差；3. 楼梯起步梯段在入口处，加上坚硬冰冷的扶手，加剧了客厅窄小的感觉；4. 次卧室房间形状窄长，男女主人要住这里，如何巧妙安排床铺。

二层楼梯间和曲线吊顶

原厨房

原东向的厨房阳台

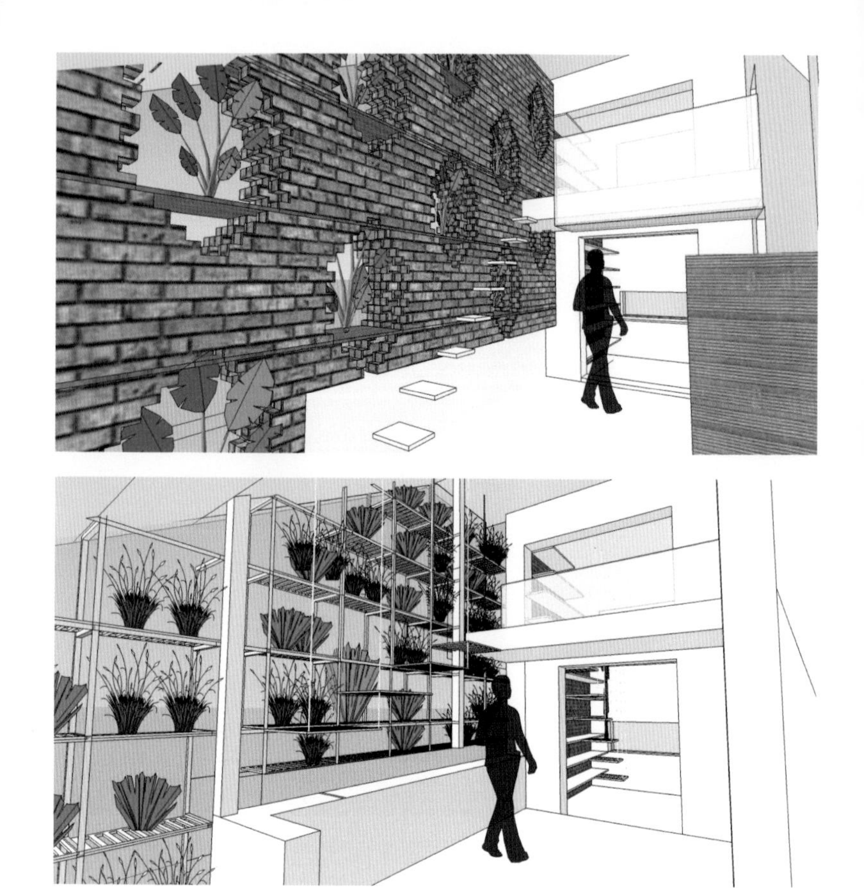

淘汰的阳台设计方案

2013 03

06

—

争论阳台的方案

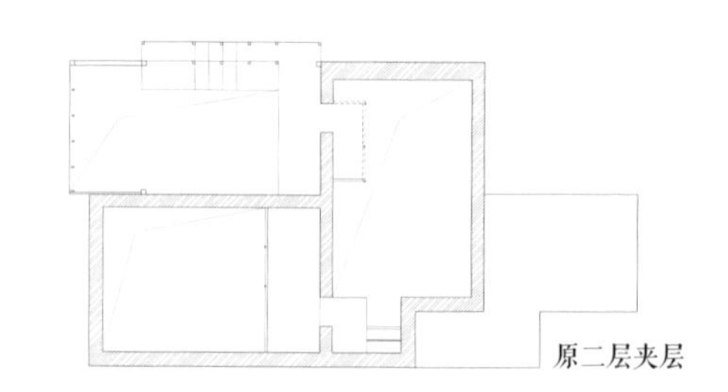

原二层夹层

昨晚讨论阳台设计。一人爱砖，提议采用双层透空砖墙，被否定：砖用于阳台，楼板的受力是一个问题，且砖的保温性能不佳，冬季北风凛冽，势必加重室内温度负担；其二，施工管理和镂空洞内的卫生维护是个很大的问题。

二楼阳台的最初设想是一个垂直菜园，若照此执行，便是满墙的花架。不过这只是一个勉强说得过去的方案。业主看后也不赞同，理由是照顾不过来；随后，改为高低不一的花架，凸出女儿墙，但仍显得做作；再后，将二层客厅山墙上的书架台阶取消，只依靠阳台台阶上飘台。

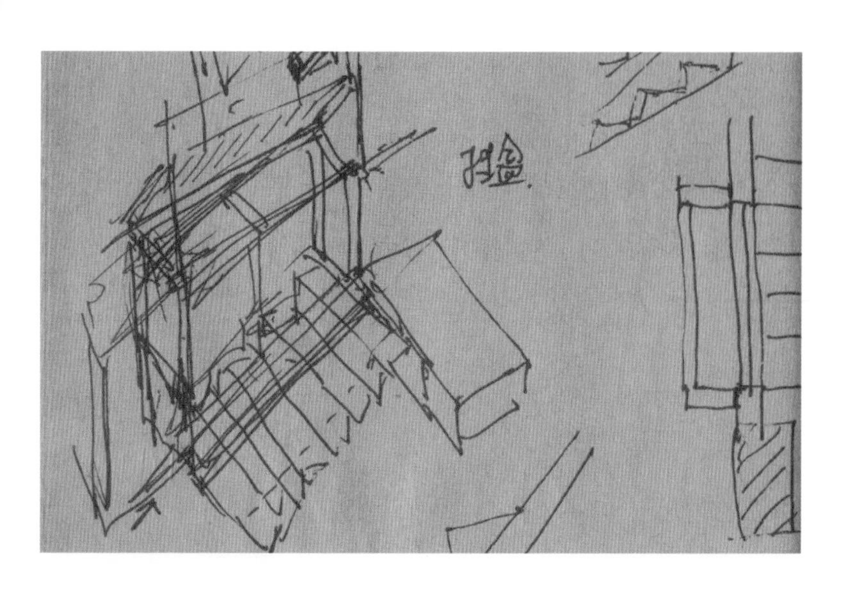

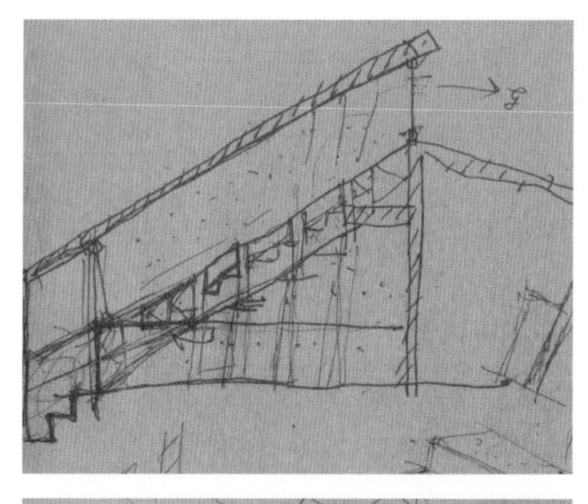

阳台设计草图

拆除吊顶后的二层斜屋顶

拆除吊顶后的二层

拆除吊顶后的二层

2013 03

07

发现屋顶有 4.5m 高，很激动

今天到施工现场二楼，猛然发现拆除后二楼斜坡屋顶的高度超出想象，最高居然有 4.5m，激动，又是一个挑战！之前屋主用吊顶封闭了斜坡屋顶，或许是出于保温目的，但因此空间的可能性也被封闭起来。这就是一般国人对建筑对空间的认知：保守，随大流。祝贺这个屋子的新主人，祝贺他们买这个房子，简直像在古董市场捡了个漏儿！

建成后的二楼室内效果

设计完成的整体剖面之一，从中可见坡屋顶户型的潜力

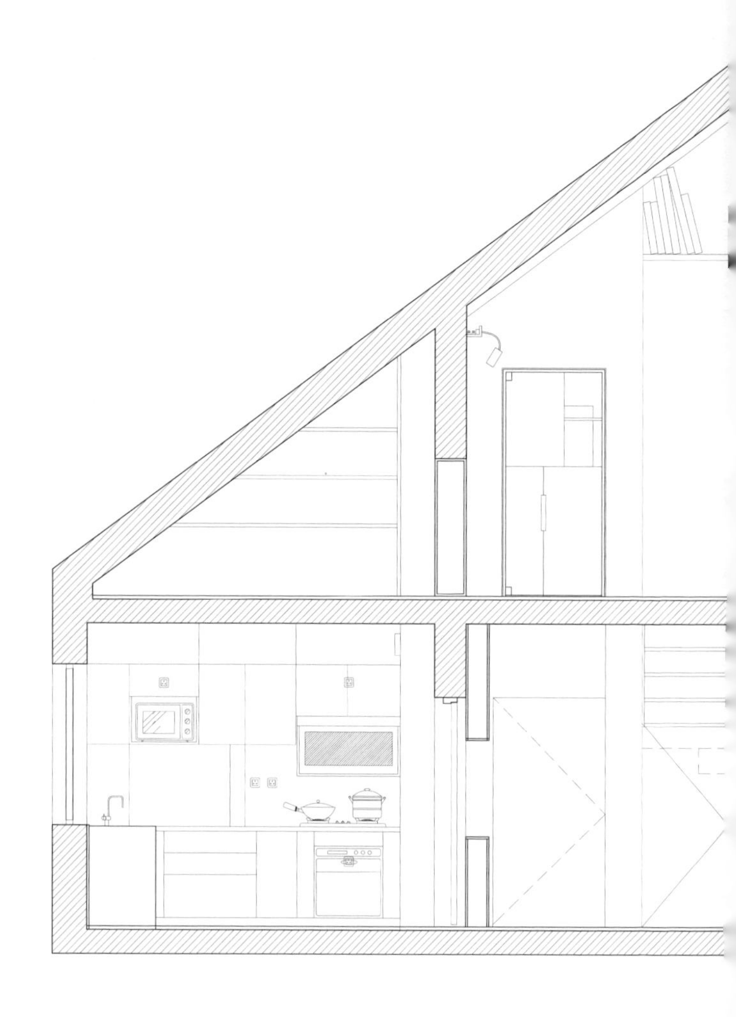

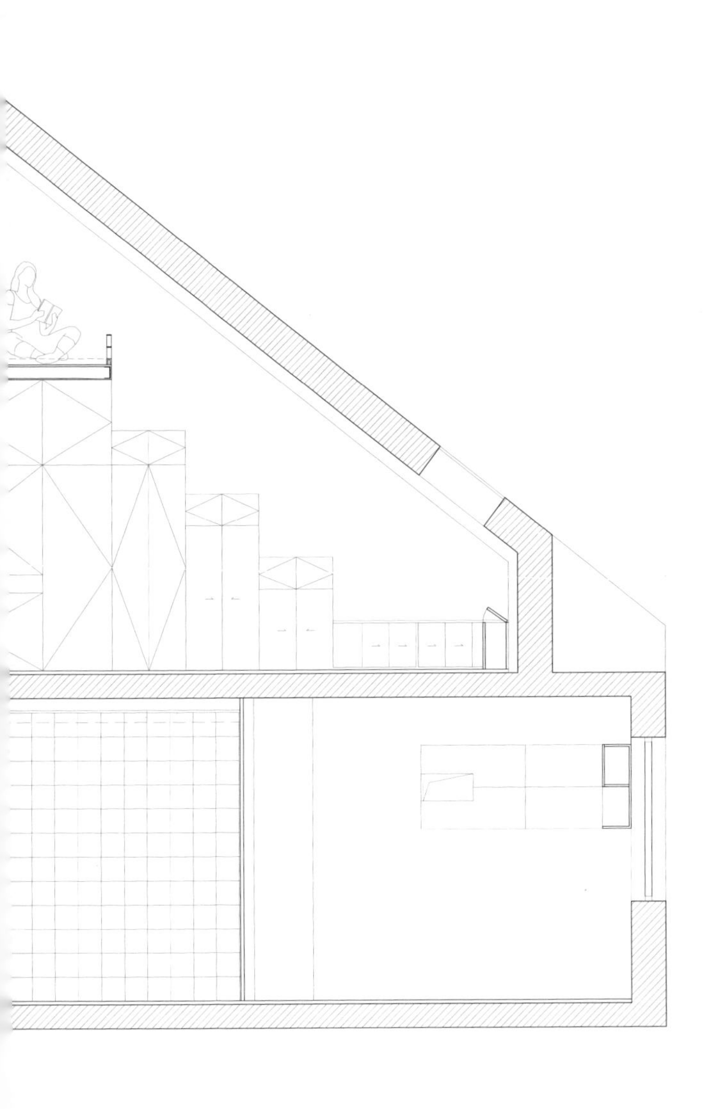

TIPS 坡屋顶

一般住宅楼室内净高 2.6m，如果高度有突破，就可以充分利用。不仅可以增加一些面积，还能够充实功能、丰富空间。夹层空间和主要空间之间的顾盼，也带来空间的流动感。

2013 03

08

住宅作为机器

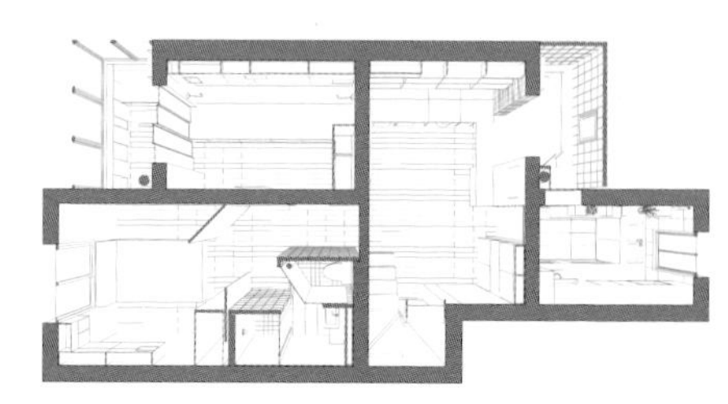

一层平面剖透视

拆旧后的主卧

拆旧后的厨房

从柯布西耶发出伟大的口号到今天，住宅差不多真正可以叫居住的机器了。高度的标准化市场，也带来了高度的常规化。高度便捷的技术手段、机器、智能，似乎只有我们想不到，没有市场做不到。住宅市场如此繁多的家具套装方案，究竟有没有贴合内心生活想象的那一种？组装机器的是人，机器要服务的也是人，什么可以填补对生活的想象？当然是使用者对生活可能性的想象。

上午大家一起去看家博会。在展场见到很多装饰公司主做大包，就是包揽从设计到施工的全部工作。回来再考虑，感觉不太靠谱。一般人的时间和精力有限，室内设计和装修工程又是极专业的，不明就里的普通人难以保护自己的利益。

中午拆旧的工头打电话，说今晚五点半可以验收。

2013 03

09

拆旧已完成

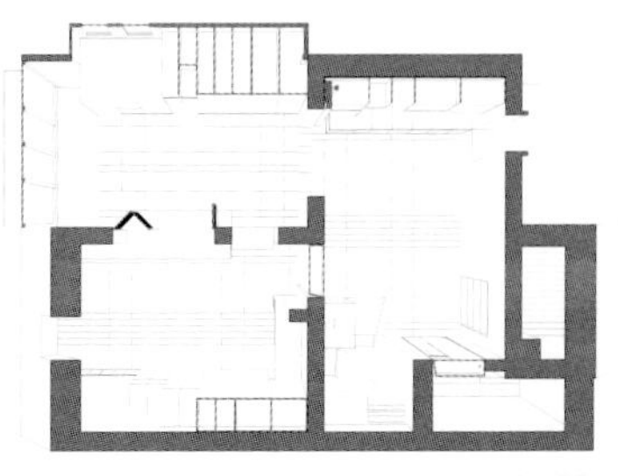

二层平面剖透视

拆旧后的客厅

拆旧后的一层客厅入口

2013 03

10

—

一粒迷楼，一种解答

居住者的需求

两代人使用，一对年轻夫妻和他们上了年纪的父母。考虑两间卧室和未来的儿童房、工作室、露台，还有可与朋友一起聚餐的客厅和一两处有意境的喝茶的地方。

要知道，老式的砖混房子，结构是不能改变的，要把新的愿景交织进旧有的、难以变动的布局中。我们站在空荡荡的屋子里，觉得谜底就埋在静默的四壁之中，就看我们是否有本事呼之而出。

太阳光，月亮光，灯光，北面的反光，西侧的光……

这几天经常去房子里面待着，感受一下东西向的光线。

傍晚很美，西边窗外有几棵高大的白杨，夕阳穿过杨树枝叶，投来浓浓的红金色光线。此时的光是太阳消隐在地平线之前的光，角度低且深；而早晨，东边的客厅日复一日地接受朝阳的洗礼。

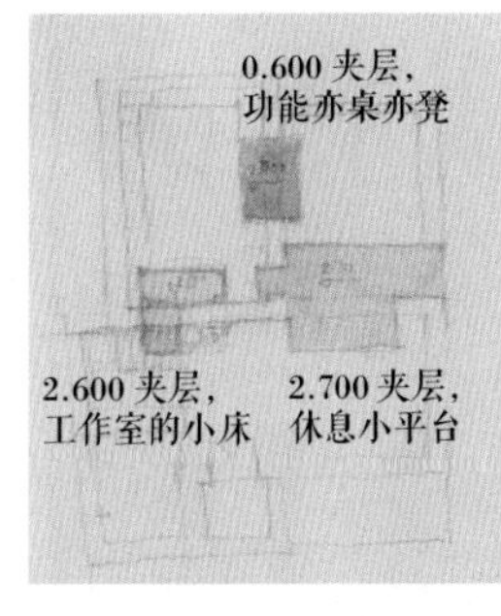

二层平面示意，增加三处夹层

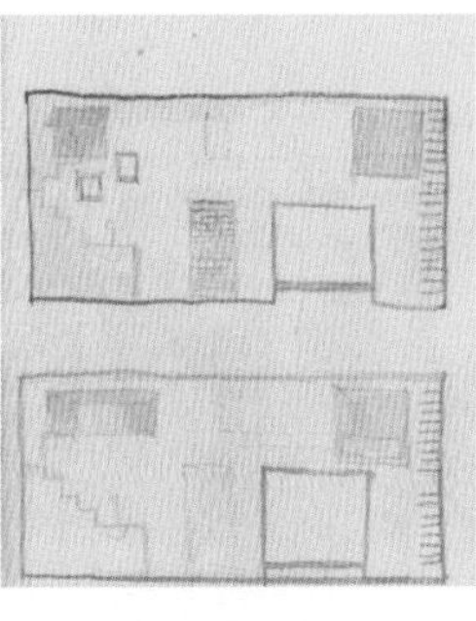

二层客厅西立面开洞设想

二层客厅西立面，室内的窗口，绿植的布置构想

位置经营

笔记

2400

2200

室内家具或是零碎物品的位置布局，大概是室内设计最要紧也最棘手之处。位置经营基于功能需要，此外又该遵循什么呢?

1. “经营位置”在经典画论及园林著述里一直受到强调。南齐谢赫的《画品》中提出的画论六法即包含这一点，“气韵生动、应物象形、骨法用笔、随类赋彩、经营位置、传移模写”，对照传为同时代的顾恺之《洛神赋图》等，可知在咫尺画幅里，也可设法按照诗意的徘侧婉转来安排人物、山水、树木的空间布局[1]。明代计成《园冶》中，最重要的结论之一是“因借”与“体宜”，“因借”可理解为因势借景，“体宜”可理解为物象之间，尺度、材料、审美的协调，这两个关键词也可看作位置经营的途径和目的。

2. 朱家溍先生在《明清室内陈设》一书中提到的十分有趣的空间是饭厅的布置，没有固定位置，随需要安排。

“明代的家具，如几案桌椅的安放，移动相当频繁，到清代固定性的陈设多起来，但也有些照例的临时安放，例如吃饭，是每人每日都有的事，但不论住宅的房屋面积和间数有多大，从来没有在建造时设计某处是饭厅的习惯，所以住在某个院落的某一层房，习惯就在某一层房的堂屋开饭。堂屋有堂屋的陈设格式，不能把开饭的桌椅固定摆在堂屋的地面当中，所以必须临时安放，饭毕立刻撤去，还有时因为赏花、赏月想要把饭开在某一座落，就开在某一处。”[2]

1. 关于《洛神赋图》布局的研究参考：《洛神赋图》与中国古代故事画 . 陈葆真 . 浙江大学出版社 . 2012.
2. 明清室内陈设 . 朱家溍 . 紫禁城出版社 : 161.

[明]《十八学士图》

清代书房

明代文震亨的《长物志》“位置”卷写道，“位置之法，繁简不同，寒暑各异，高堂广榭，曲房奥室，各有所宜，即如图书鼎彝之属，亦须安设得所，方如图画。云林清秘，高梧古石中，仅一几一榻，令人想见其风致，真令神骨俱冷。”园林和假山追求如同图画是自不待言，室内布置也追求“方如图画”，可知趋向美学的精炼和精神陶冶，也可以是房屋目的，和功能相得益彰。此外细论“位置”，仔细辨析室内家具因季节变化、因意境差异的陈设优劣。尽管今天的固定家具远多于移动的家具，仍很有启发。

“小室内几榻俱不宜多置，但取古制狭边书几一，置于中，上设笔砚、香合、熏炉之属，俱小而雅。别设石小几一，以置茗瓯茶具；小榻一，以供偃卧趺坐，不必挂画；或置古奇石，或以小佛橱供鎏金小佛于上，亦可。”（小室）

［明］十八学士图

明代书房

“长夏宜敞室，尽去窗槛，前梧后竹，不见日色，列木几极长大者于正中，两傍置长榻无屏者各一，不必挂画，盖佳画夏日易燥，且后壁洞开，亦无处宜悬挂也。北窗设湘竹榻，置簟于上，可以高卧。几上大砚一，青绿水盆一，尊彝之属，俱取大者，置建兰一二盆于几案之侧；奇峰古树，清泉白石，不妨多列，湘帘四垂，望之如入清凉界中。”（敞室）

配合同时代版画来看，室内如在园林中，无论四季，眼前都有景色。家具随需要增减，让身体的感受不限于室内。

我们又尝试把明代的《十八学士图》四幅“琴棋书画”大概使用的家具和占用的空间大小画出，体会一下雅集尺度，这些雅集也可能发生在某一个现代家庭的室内。

从客厅看原有卫生间，门几乎朝向客厅

2013 03

11

卫生间变形记

最初对厕所束手无策，感觉唯一能改动的地方，就是把隔墙做成玻璃砖。卫生间有一个棘手的地方，进门右手边有一根主下水管道，门尴尬地与管道并排，同侧就几乎不能再放下洗手池了。

有一天，张波说，想把厕所西边隔墙也做成玻璃砖墙，然后立刻说，不过那不可能，门在这里，玻璃砖的有效面积会大打折扣。不过从这提议里，我们倒是感到一线闪光。

于是试着给厕所换一个开门的方向，让主卧室的墙后退，可以给原有面积狭小的卫生间增添一个淋浴间。这样一来，卫生间和卧室之间形成一个小空间，用于卫生间的出入口。

主卧室的墙可以做成全部平开的门，无人使用时敞开，作为和客厅沟通的空间；关上，就完成主卧室的功能。这样从客厅看去，卫生间隔墙就是一整面玻璃砖墙。好主意！接下来，我们又把整面平开门改为推拉门，形式上使用上更加完善。终于，一个黯淡无光的厕所，将要变成一个晶莹剔透的存在，这一结果很让我们兴奋。

从客厅看改造后卫生间，朝向客厅的是一面完整的玻璃砖墙

2013 03

13

—

东向阳台茶室计划

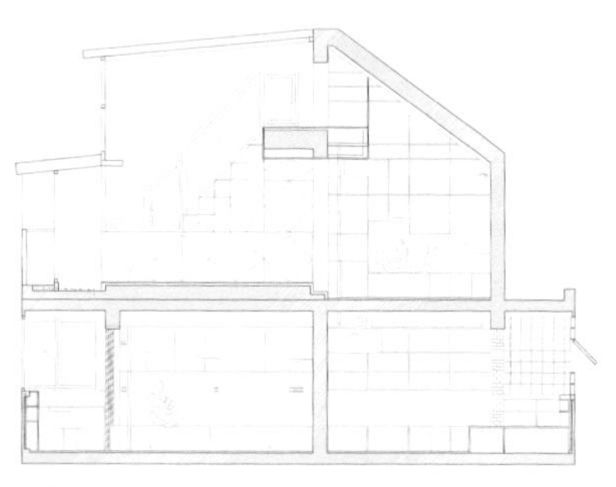

东向阳台在整体剖面里的空间感觉

拆除东侧窗下墙，让客厅直接和阳台联系。原来厨房通向阳台的门洞可以作为厨房的冰箱专用收纳处

客厅阳台榻建成之后

一层客厅东边是厨房和厨房用阳台，客厅开一个窗，接阳台采光，光线昏暗

一层卧室门口上方（左上侧）有一根暖气管道，可能会影响将来设计中通高门的开关

阳台的围护结构是一整块的水泥预制板

拆旧没想到也是一个技术活儿，红砖上的抹灰年代久远，背后会形成空洞，如果忽略，新刷的墙壁会被这个历史遗留问题连累。于是我们决定将所有的旧墙皮全部铲掉。

细节决定成败，今天在场地细看，又发现新的问题：大卧室的暖气水管从二层下来，位置正好在平开门开合线之内。而门是通高的，那就是说肯定会碰到这根水管。改暖气的时候要采取一些措施。

我们用的实木指接板尺寸是 2440mm × 1220mm，而层高是 2.55m，主卧室要做上下通高的整面木门，需要结合上下轨道的细部设计才能实现。

打通一层东侧阳台，在这里设计一个塌，窗户用玻璃砖替代，采光的同时避免和邻居对视。如果能将玻璃砖从 400mm 高的榻面上直接砌筑起来，应该就完美了。坐在这里，周围都是纯洁统一的水晶玻璃砖块，会感觉呼吸都是透明的。但原来阳台的围护结构是一整块的水泥预制板，无法切割，只能被迫选择从水泥板上沿开始砌筑玻璃砖，遗憾啊。

2013 03

15

第一次开槽，北面墙皮开始凿掉

一开始施工，就像洪水开闸。

业主就近找到一个施工队，今天开始第一步工作：水电开槽。下午去看，开槽歪七扭八，并且没有按照规矩在墙面上打出一米线。对室内施工的要求应该比建筑更高，要精确到毫米。这样的施工队应该不能达到我们的要求，果断换掉！

北侧的墙面不准备抹灰，用原有的红砖墙，未来站在楼梯上同时可以看到两层通高的红砖背景，也算是上下楼时不经意就能瞥见的风景吧。

2013 03

17

去看成品楼梯

我们去看装修市场里的成品楼梯。商家们都说，我们的楼梯提供定做，可以按要求改造！

楼梯厂家不少，多数依然是欧式的带复杂线脚的厚重木楼梯。另有一些现代楼梯，节点成熟，但价格不菲，似乎精致过度，倒显得像酒店了。依照我们的想法，楼梯该是下半部分（第一跑）敦实，上半部分（第二跑）空灵，这样大概是没法定做的。好在我们和居住者的意见一致，追求朴素和耐久，自己动手，丰衣足食。

2013 03

18

李颖的经验

昨天和工地经验丰富的设计师李颖聊了一下方案。她认为实施应该没有问题，总造价可以控制在三十万元以内，工人人工费用在十万元左右。关于木制家具，只要自选的板材环保，质量足够好，和让厂家生产加工差别不大，而且会便宜一些，表观差别主要在喷漆。

2013 03

22

—

我们只是想要个凹缝

一般的门脸线，就是把装门的节点包起来

门窗厂家来现场勘测并且测量门洞的尺寸。

在我们看来，要求十分简单，只是要求门框和墙面齐平，门框与墙的交接处有 1 厘米的凹缝，省去啰嗦的门脸线。但木门厂家表示，不能满足这一要求，因为门框是用胶固定的，而这打胶的缝隙是要用门脸线来掩盖遮丑的。

此外，门脸可以与抹灰做平齐，但门脸和束口板 / 框之间却有台阶，有的门脸可以用不锈钢板做，再用石膏板盖住不锈钢板，这样很难看，最终还不如在门脸和抹灰之间留一条缝隙。

2013 03

25

—

阿才来工地

我们要求门脸线与墙齐平

门脸线与墙的交接处用一个凹缝处理

下午，业主、工头阿才带着他助手来工地，把房子里要做的东西在现场用卷尺量了一遍，如此才能准确地报价。我给他大概看了模型，顺带讨论了一些细节，比如无框（门脸线）的门，比如床下面可以滑动的箱式抽屉。初步感觉，阿才较耐心，而且认真。

2013 03

26

—

初看玻璃砖、木地板、断桥铝窗

寻访玻璃砖

工头说附近建材城都没有玻璃砖。呜呼，这么普通级别的建材居然不被普遍使用？于是，我们从网上找到一家玻璃砖厂，约好今天去看。一出东四环，天都乌了下来，晦暗了好几度，车来车往，漫天尘沙。材料仓储区里，还有铁路，据说是60年代苏联盖的厂房、宿舍、办公楼。在样品区，还有一块45cm × 45cm意大利生产的玻璃砖，皮亚诺曾用在东京银座爱马仕大厦设计里。

现场玻璃砖花式繁多。平常疑惑，为什么随处可见的都是波浪纹的玻璃砖呢？原来这种玻璃砖有最全的尺寸，转角砖、肩砖、收头砖都很齐全。这让我们很头疼，因为这种玻璃砖的折射光过多。小小的房子里期待的是“安宁”，我们需要简单无纹的品种。国产砖比进口砖显得绿一些，但价格便宜。进口砖的缺点是，未必随时有货，即使有数量也未必够。看一圈回来，我们都对半透明、表面几乎没有纹理和花纹的最满意，通常称为“小橘皮”，或是无花纹的砖加工一层“蒙砂”。但手持一块近看，发现透明度还是偏高。

最终选择小橘皮和蒙砂工艺的玻璃砖

不同的玻璃砖透光效果

解决办法是在小橘皮砖的一侧再加工一面蒙砂。

玻璃砖的使用，需要解决两个问题：第一，用在厕所防水水泥台面上，要做一个水泥泛水，防止卫生间的水外漏；水泥沿上砌 80mm 厚的玻璃砖，水泥沿下用玻璃砖做饰面；第二，在玻璃砖墙上开窗洞。一般来说，只要窗洞周边打一圈结构胶就可以，从玻璃砖里伸出的钢筋可以做成螺纹型，和窗框固定在一起。而第一个问题，尽管也有专门做的 4cm 半块厚度贴面玻璃砖，但却又是另一种花色。最理想的方案，是我们自己切割。

综合下来，我们要选择较便宜的同一种花色的玻璃砖，能通过单、双面加工成磨砂砖来调节透明度。同时要做好准备加工很多不同尺寸的砖。“没关系，玻璃砖完全可以当作红砖来用，该切就切。”玻璃砖厂家宽慰我们别嫌麻烦。

建材市场看木地板和断桥铝窗

上午去看了地板。我们看上的几款颜色都较浅，水曲柳、白桦（枫木）、橡木，以及松木指接板做的地板。地板很复杂，实木地板、实木复合地板、强化地板价格也相差悬殊。为经济美观考虑，我们与居住者都认同首选实木皮表层的复合实木地板。家具主材选用松木指接板，木地板的面层也考虑选择颜色相似的浅色木地板。

另外有考虑地面用白色自流平，但白色自流平非常容易磨花，不能轻易决定。如果是公共建筑，本来就有一个维护的成本预算，但在私宅里，尤其是小面积的私宅，更要考虑屋主维护的时间和成本。

不同的木地板

2013 03

27

—

挑选地砖和窗台大理石，去看花卉市场

厨房植物

植物初探

植物是空间的精灵，有些红绿的颜色，空间就活了，在人造的容器里，人就有了和大自然交流的灵媒。所以在楼上大阳台上设计了阶梯状的花台，现在就需要了解台阶的高度，还有适宜在室内的植物的高度。

调查了花卉市场，发现高度在 1.2m 以下的室内木本植物颇有选择余地，而且是容易养的普品，龟背竹、绿萝、虎舌兰、杜鹃、栀子、蕨类、香雪兰、鸭掌木，等等。所以考虑的重点变为，要不要在各个台阶上为植物规划一个恣意生长的理性框架？或者一个木盆式的金属网格？而为了充分利用空间，台阶上空宜焊一根钢筋用于吊篮植物。如果有爬藤能长在室内就更好了，未来二层阳台北窗前将有植物影影绰绰。

初春，街上阳光异常明亮，桃花开得正盛。花卉市场里也是春季花卉的盛期。水培植物清秀蓬勃，只是不知住户搬回家去，还能否一样漂亮。

方瓷砖

室内设计受到市面材料的限制，同时也被一些新的材料激发。今天去找白色地砖和墙砖，以及白色的集成吊顶。30cm 见方的白色地砖的生产厂家不多，但还算常见，哑光色泽很静，让人喜欢。但同样尺寸的白色哑光墙砖却遍寻不着，即便有纯白色，也多是亮光，尺寸又是 30cm × 45cm。瓷砖里多设计有花纹，或散布些颜色和质感，理由是有花纹耐脏，光面易清洁，难道没有二合一的选择吗？让人疑惑。最终唯有把地砖用作墙砖了。想起之前在成都做的设计，在国内市场想找到纯白色的地砖很不容易，基本都是进口，店家给的理由是，国人不喜欢白色地砖。没有花纹，国人是接受不了的。

植物与空间的搭配

几个问题

1. 大家商定，希望把空调藏在壁挂的木柜里。电话询问空调厂家，答复是没有问题，但要根据安装空调的功率和大小预先设计充足尺寸的壁柜。譬如，空调高 320mm，厚 250mm，就要考虑预留出回风的空间尺寸，空调的柜子高度至少应该 450mm。

2. 洗衣机最突兀，想来放在楼梯平台下方，是最佳的节约。根据通常洗衣机尺寸，定下洗衣机水龙头高 1.1m，洗衣机本身垫高 100mm，洗衣机地漏排水引到卫生间主下水管去。

3. 二层阳台上的钢梯、木结构的楼梯兼柜子分开做，这样钢结构只需完成一个凸窗即可。余下封板和木柜子都由现场室内做就可以了。责任较明确。

2013 04

03

新施工队进场

阿才，带着他的施工队进场了。

水工和电工是同一人，刚入场，就对上一个施工队的水电改造找出许多不合理的地方。不打一米线已经很离奇了，还有许多绕弯路的水路和电路。水电改造原则上还是尽可能走直线，不仅方便水的流动，还节省工量。

今天业主请了一位门窗厂家来量一楼的窗户。凡是需要制作周期的，都需要预先赶在墙面粉刷和铺设木地板之前做好，要留出时间。此外，之前的窗户上沿没有做滴水，都需要重新抹。

客厅线槽

厨房线槽

后一个施工队正确的线槽开法：抄近道，节约路线

2013 04

04

清明节

一忙起来，一天的时间里就好像包含了好几天。昨日才布置水电，今天去看，工地开线都很整齐，“一米线”已画在墙上，和前一支施工队相比是天壤之别。定下“一米线”，插座才能做整齐，之前大多开好的电盒和线槽都废了。

排骨莲藕

今天在工地，电工师傅穿着工作服，把原来的外衣外裤挂在窗外，师傅是广东人，又干净又很认真。我到二层露台上，发现窗上还挂着一袋生排骨，两段莲藕，十分可喜，对生活的讲究可见一斑。

TIPS 一米线

室内施工拆旧之后第一步就要确定室内标高，标记在墙壁上，作为未来室内高度的标准。定位在一米位置，地面标高和其他高度都以这条线为基准。

2013 04

05

傍晚的工地，西向卧室

下午傍晚又去，夕阳一直烧至七点多，离开时，房子里还有微弱的光，火烧云从高楼的缝隙里透出来，很漂亮。

一直对东西向的房子有好奇和好感，因为日照时间更长。朝东的房间接受朝阳的普照，朝西的房子将与最后一缕晚霞道别。这意味着，每个房间都能晒到阳光，而南北向的房子，朝北的房间几乎终年与直射阳光无缘。

曾在一个西向房间里住过几年。西晒从下午四五点钟开始，房间不大，光便充满整个房间，以至室内亮得有些眩晕。时间推移至傍晚，光渐渐变得温柔且迷人，混合了余晖醇厚的金和炽暖的红，房间陈设也因此变色，这是非常让人珍惜的与自然对话的时刻。

马赛公寓

一楼卧室阳台（西向）

侯麦有一部电影《绿光》，“绿光”是指太阳在沉入海面一瞬闪现的光，或许隐喻珍贵、难觅，又极易失去的情谊。整个电影里，主角都在寻找这稀罕的绿光。在影片末尾，刚刚相识的男女青年坐在海边，看到日落最后一刻珍贵的绿光。

柯布西耶的马赛公寓正是东西朝向，遮阳板和阳光编织出立面的光影。据说欧洲人偏爱东西向的房子，而国人无论身处南方北方，都希求南北朝向，这是不是一个成见？

盆景笔记

1. 查阅盆景书籍，可知盆景的组成为“景、盆、几（架）”，是为室内带来生机的点睛之笔，也是刻画时间的玲珑园地。

2. 清代沈复的《浮生六记》里，记录与妻子陈芸一起侍弄盆景：叠石，勾缝，追慕画意，点缀云松，品题景物，设置亭阁，神游其中。也许是关于盆景最为精巧可爱的文字。

余扫墓山中，检有峦纹可观之石，归与芸商曰：“用油灰叠宣州石于白石盆，取色匀也。本山黄石虽古朴，亦用油灰，则黄白相阅，凿痕毕露，将奈何？”芸曰：“择石之顽劣者，捣末于灰痕处，乘湿糁之，干或色同也。”乃如其言，用宜兴窑长方盆叠起一峰：偏于左而凸于右，背作横方纹，如云林石法，廛岩凹凸，若临江石砚状；虚一角，用河泥种千瓣白萍；石上植茑萝，俗呼云松。经营数日乃成。至深秋，茑萝蔓延满山，如藤萝之悬石壁，花开正红色，白萍亦透水大放，红白相间。神游其中，如登蓬岛。置之檐下与芸品题：此处宜设水阁，此处宜立茅亭，此处宜凿六字曰“落花流水之间”，此可以居，此可以钓，此可以眺。胸中丘壑，若将移居者然。一夕，猫奴争食，自檐而堕，连盆与架顷刻碎之。余叹曰：“即此小经营，尚干造物忌耶！”两人不禁泪落。

3. 文震亨《长物志》里，花木一卷中，有两段关于盆玩的记述，可从中窥见赏玩心境。盆景追求的极致是富有画意的古松，“最古者以天目松为第一，高不过二尺，短不过尺许，其本如臂，其针若簇，结为马远之‘欹斜诘曲’，郭熙之‘露顶张拳’，刘松年之‘偃亚层叠’，盛子昭之‘拖拽轩翥’等状，栽以佳器，槎牙可观。”

在此之外，普通花卉也各有性格，赏玩过程也是在求真、求清雅、求时节，求在盆玩清贡中了解花的性情。“若真能赏花者，必觅异种，用古盆盎植一枝两枝，茎挺而秀，叶密而肥，至花发时，

常玉《幽蓝明菊》

常玉在巴黎画了很多花盆里的风景，或许身在异乡，把盆景化为可以神游的小世界。这些画里的小小世界，和陈芸经营的盆景虽然有着时差，心境是一样的单纯和美好。

置几榻间，坐卧把玩，乃为得花之性情。”（《长物志·卷二·花木·三〇·菊》）

4. 现代人记述盆景的文字里，周瘦鹃先生的最为动人。无论是做盆景的技术，还是当年紫兰小筑的景色，凭借文字去想象，已觉曼妙异常。在曾经特殊的时期，照料盆景带有特别的意义，盆景和家园总有千丝万缕的联系。

周瘦鹃先生曾在1940年前后参与上海中西莳花会，送去盆栽、水石小景，并多次获得总锦标。获奖后赋诗纪念，其中有“半载辛勤差不负，者番重夺锦标还。但悲万里河山破，忍看些些盆里

山。”在另一篇关于花盆的文字《杨彭年手制的花盆》，“抗日战争期间，我住在上海，人家正在投机囤货，忙着发国难财，我却甚么都不囤，只是节衣缩食，向骨董铺子里搜罗宜兴陶质的古花盆，这其间倒也含有些抗日意义的。……我专与日本人竞买，尽我力之所及，不肯退让。……就中有明代的铁砂盆，有清代萧韶明、杨彭年、陈文卿、陈用卿、爱闲老人、钱炳文、陈贯栗、陈文居、子林诸名家的作品，盆底都有他们的钤印，盆质紫砂、红砂、白砂，甚么都有，这就算是我的传家之宝了。”

周瘦鹃先生的盆景

老式卫生间阴暗狭窄

2013 04

06

—

去看卫浴设备与瓷砖

老式卫生间的面积很有限，需要仔细选择目前市场上的卫浴产品尺寸。今天发现半嵌入式的台盆，在小面积的卫生间里可以减少台面的进深，又能满足盥洗盆的大小要求。一些合页能满足柜门紧贴墙壁开合的技术要求，可以满足我们对镜柜满铺设计的要求。镜柜的开启缝隙偏向一侧，常打开的柜门小一些，比较不容易坏。

半嵌入式台盆

一般的踢脚线

2013 04

07

踢脚线

两种材质的交接，向来是节点处理的核心任务。地面材料和墙面材料的交接，依靠踢脚线是很便捷，一方面掩盖交接的缝隙，一方面在清理地面的时候，不会弄脏墙根。但踢脚线的存在，却让很多有洁癖的建筑师挠头。

在这个小小的房子里，一般做法的踢脚线未免会有些啰嗦。我们计划干脆用白色防水漆刷出一道踢脚线来。压条不能省去，就尽量选择简洁的形式。

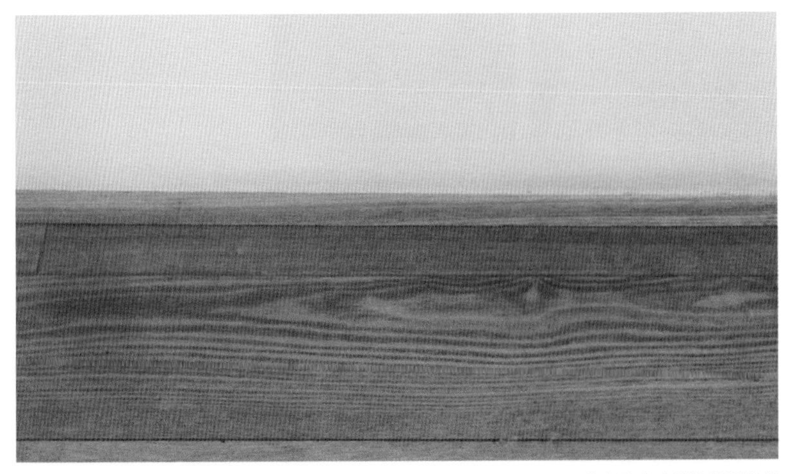

白色防水漆刷出的踢脚线

墙面和地面的电线管槽

2013 04

08

—

继续走水管，安装电盒

电线管槽尽量经济

节省工量，用凿楼板的方式连通上下两层水电，当然这必须顾及结构的状况。原先房子的装修，竟把一根水管走在楼梯间里，盘桓一圈，由此又多出一圈包水管的木墙裙线脚，用来遮丑，反而丑上加丑。

住宅室内面积非常有限，要斤斤计较，顶要紧的是安顿好如内脏般的水、电、设备、暖气管道，仅这一项内容，便可省出不少空间。

反复讨论后，二楼决定再安置一个洗手盆，暂定在楼梯上空。今天去工地看，水盆的上水已经走好。

TIPS 插座与开关布置

1. 充分考虑使用的需要。比如，上下楼的灯一定要双控；马桶旁边考虑充电器需要使用插座；每个房间里要考虑吸尘器的插座；床头的插座考虑床头柜高度不会把它挡住。开关要放在房间门口。写字台的插座还是设计在桌面上方便。
2. 多个插座和开关靠近在一起时，要求做到水平和竖向间距均匀。

厨房插座

2013 04

修改电插座的位置

卫生间插座

电插座盒子已经装好一部分，却发现几处和暖气冲突。而此外，卫生间先前的蹲位尺寸明显设计小了，开间至少要800mm。于是跟电工商量了一下，把原先洗手池上方插座往右移动。计划在每一房间里都放一台空调，加上网线与串线，在入口做电盒，不仅要分强弱电做两个盒，在强电里，也要把空调和其他分开。

背水泥用的背篓

2013 04

10

二楼插座位置做好，硅酸盐水泥进料

今天去看，正在进料——硅酸盐水泥，下一步就要开始做墙面和地面防水了。水泥用编织袋装好码在楼道口。由两名搬运工扛上去。搬运工看来是南方人，水泥用小背篓背上去。上楼动作需要非常迟缓，否则腰会受损伤。都说工地小工最赚钱，因为都是出大力气的活，赚的都是最辛苦的钱。

但最花心思的，需要巧力的，未必挣钱。

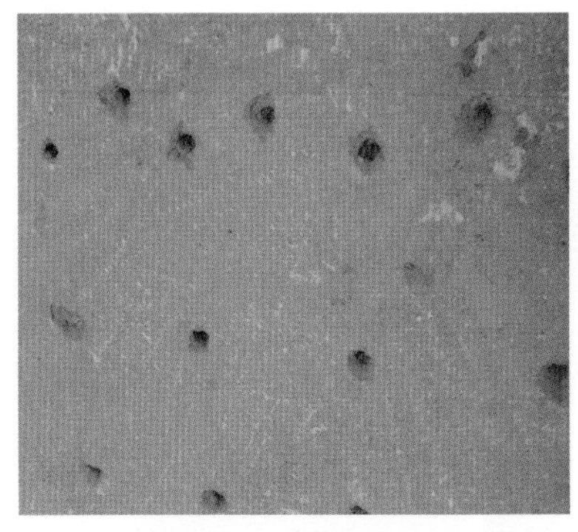

老式墙裙装修必备的钉有木楔的墙洞

大概是红砖墙砌好后工人的题记，签名负责制

去掉木楔子要动用电钻

2013 04

11

—

找木楔子

老的装修方法固定木墙裙，是在砖墙上打洞，钉入木楔子，装修钉钉子的基础就是靠这点木头了。为了不影响涂料上墙，目前这些木楔子要拔掉。而背面那堵两层高的裸露红墙砖留下的楔子洞，就让他们自然地留下吧。

红砖上的签名

客厅里从剥开水泥抹灰，露出红砖那天开始，我们的工地就进入某种有意的返璞归真。红砖这种材料，还是很能把现场的氛围拉回到90年代。有些红砖上还有当年砌筑工人用毛笔签的名字。张波说，看起来很像高古瓷器底部的题记，透露着浓浓的历史感。

隔墙已经拆除的卫生间

2013 04

12

卫生间的水泥板隔墙

准备用做卫生间隔墙的水泥板

卫生间墙面已经找平，新增加的淋浴间与主卧室的隔墙准备用薄水泥板来砌筑，厚度只有 80mm，可以为卧室、浴室节省面积。没错，小房子就是寸土寸金。

2013 04

13

—

局限里的可能

四周框定，上下框定。我们还能做些什么？在这么小的空间里，注意力放在尺度细小的局部，一举手一弯腰，从朝阳到夕阳，从傍晚到深夜，用餐、洗手、踱步、冥想、阅读、会友、宴请、神游、清洁、睡眠，房子对于这些纷至的要求，如何回应，如何兼顾？

第一次体会到缓慢设计带来的丰富。明白了并非设计初始阶段用力动脑，设计就可以固定，就可以一劳永逸解决所有问题。最近几天尤其如此，房子每天都在变化，新的面貌，新的现场，可以激发新的设计。

有时跟工头阿才商量，他会慢慢想一想，然后马上情绪提高了一档，说“那样做会很漂亮！”每当这时候，我也很高兴，因为我们似乎调动了工头对设计的兴趣，参与我们“制作一件很漂亮的作品”的计划。

2013 04

15

—

卫生间玻璃砖墙砌筑地梁

卫生间排水

我们改变卫生间布局，设备重新做了安排，只能用同层排水。需要在本层掩盖横管，回填渣土，垫高卫生间地面。那么，卫生间玻璃砖立面从底部一直贯穿到顶部，就需要垫层外侧贴玻璃砖，垫层内部的防水又如何结束？怎样和玻璃砖交接呢？

按照常规做法，如果垫高卫生间地面，玻璃砖都砌筑在这个基座上，而我们想要一个从头到脚通体透明的洗手间，因此需要依次解决：

1. 垫层高度，取决于下水管找坡需要的空间，这里做 140mm 即可。

2. 在做垫层之前刷涂料防水。墙面防水的高度浴室满做，卫生间和洗手池做到至少一米以上。垫层防水卷上砖砌地梁，地梁上再压大理石之后，完成面要和外侧玻璃砖贴面顶部取齐；玻璃砖高度 190mm，垫层做 140mm，地梁要比垫层高 60mm。

3. 玻璃砖底部和顶部都是半块玻璃砖贴面，为防止透过玻璃砖看到水泥台的侧面是灰色的，决定把贴面玻璃砖里灌满白水泥，再贴在地梁和顶梁外侧。

4. 玻璃砖与墙面的收口，设想在楼梯间的转角，凿掉一部分砖墙，使玻璃砖嵌入梁下的墙，与砖墙有一段咬合。

5. 地梁用一皮红砖竖砌，从外表皮后退 40mm，即半块玻璃砖贴面的厚度。

过度设计

设计往下推敲，当每一处都分别以好看、实用、多用、采光、质感、手感去做要求时，我们发现正站在“过度设计”的边界上。但究竟怎样是“过度”呢？“过度”是贬义，而设计的丰富、朴素应是善意的和不迫人的舒适。园林里的“步移景换”，古代绘画里的景色密集，是如何做到丰富得妥帖，而非密集得迫人呢？柳宗元在《钴鉧潭西小丘记》里有一句话，或可做一个解答，“由其中以望，则山之高，云之浮，溪之流，鸟兽之遨游，举熙熙然回巧献技，以效兹丘之下。枕席而卧，则清泠之状与目谋，潜潜之声与耳谋，悠然而虚者与神谋，渊然而静者与心谋。”景物密集到“步移景换”时，更需要遵从自然之道。

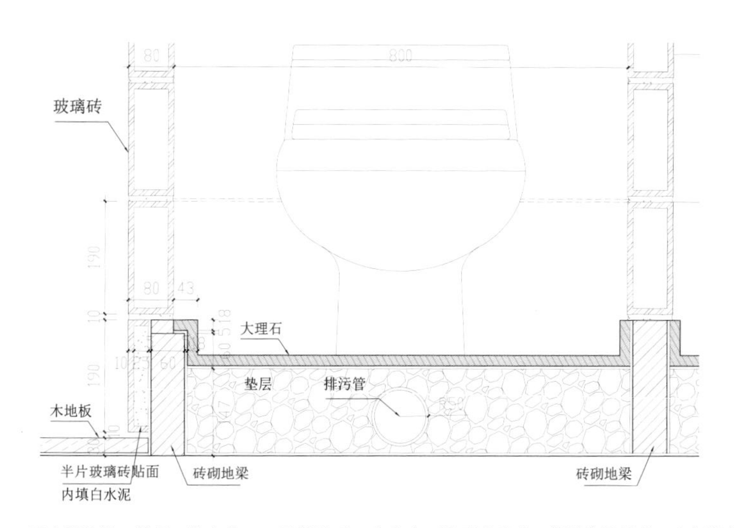

卫生间地梁、垫层、防水收口、石材地面、玻璃砖、贴面玻璃砖、外部木地板收口之间的关系

用红外线垂准仪找标高，从一米线往下找

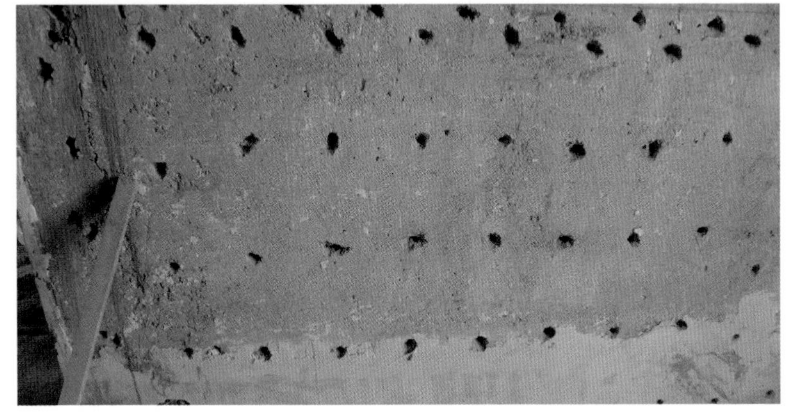

清理过的墙洞

2013 04

16

补木楔子洞；再看玻璃砖

一个小小的细节让我们感动，墙上拔掉木楔子留下的孔洞，在需要抹灰成为白色墙壁的部分，一个一个都用水泥填满。工人填这些孔时，还要不时喷些水，待孔里有湿度之后再填上水泥才牢固。这个工作表面上看不出来，但从长远来看，这个喷水的小动作非常重要，否则随着时间的推移，完工白墙上会逐渐显露出点点痕迹。想到旧的装修里所有房间都被木墙裙围合，大概是参考仿古欧式别墅而来。其实，每一幢房子、每一处空间都有其潜力，轻易用网络、杂志上的图像嫁接，从平面移植到立体三维空间时，往往会出现生硬拼凑。

工人填孔时要不时喷水

填补后的墙洞

玻璃砖做好后

再看玻璃砖

下午去另一处市场里看玻璃砖，感觉建材市场还是水深。这家玻璃砖厂家声称，所有玻璃砖都可以在现场由瓦工用切瓷砖的工具随意切割。而前一家却说，异型尺寸必须在厂里加工。到现场看，玻璃砖样品大概是挑选出来最好的，横平竖直，没有气泡或缺陷，颜色也比较白。仔细对比下来，感觉第一家似乎更专业些，而我们需要的玻璃砖，无非是单一花色、半透明小橘皮或蒙砂纹砖，难点在于大量加工，因此，加工技术优劣排在第一位。

现实度

工头说，你们图纸上画起来很容易，实现起来是很困难的。瓦工说，我看了设计图，盖起来应该很漂亮，有炕，就像到家了一样。

和工人聊到这些，总像碰到知音一样窃喜，词语很普通，但很妥帖。这些天发现，工地里如何从一米线倒推至地面抹灰完成面，倒推出洗手间水泥台贴砖之前的高度，自己时常跟不上工人的简洁迅速。设计师，需要接点地气。

图纸上施工图的完成，只是整个设计过程的百分之五十而已，进入工地，是设计的另一个开始。且不说在与现实碰撞的过程里，图纸不断需要调整。在现场，当我们站在1:1的环境里，禁不住涌出一条又一条修正的愿望，真实的尺度感、现场的光线、视线、风、树都会刺激原先的图纸意图。图纸只是暂时的投影和需要随时被抛弃的媒介，就像禅宗里渡河之后要被扔掉的桨。当然，如果我们能把眼前的一切都预设在图纸上，包括风、光、雾、声音、色彩、感动，如此完备的图纸，也许可以成为一次完备的设计。所以，以前常常听到的赞语“实现度很高”其实很值得推敲，隐藏着建筑师的诸多自我和偏执，不如换做“现实度很高”，换做一个允诺更丰富的空间内涵的标准。

2013 04

17

—

大理石市场

让人挑花眼的大理石市场

有生命感的西奈珍珠石材

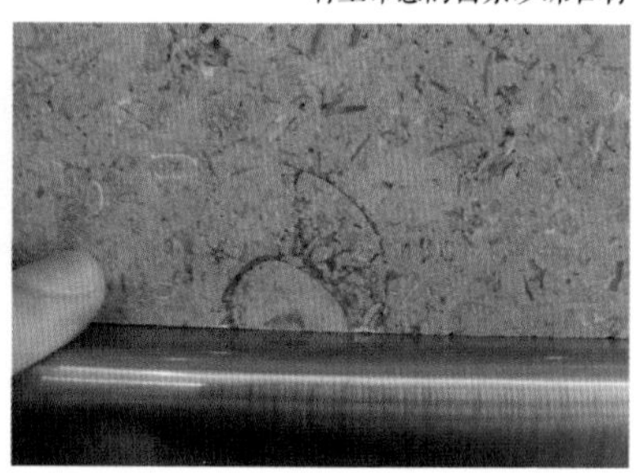

卫生间虽然面积很小，但和身体的触感最直接，需要设计得贴合人体、精致、舒适。但是设想一下，玻璃砖的尺寸是 190mm × 190mm，如果再引入一种瓷砖的尺寸，将会使空间感觉过于复杂，那么干脆用尺寸较大、较完整的石材，应该更合适。不过石材的冰冷和坚硬，需要我们更仔细的挑选，才能柔化材质本身的不足。

看石材市场，或是太寻常，或是太复杂，一些在酒店大厅常常见到的西班牙米黄，并不适合频繁使用的卫生间。发现一种叫作“西奈珍珠”的来自埃及的石材，细看切面，是小小的古生物化石。正符合我们对生命感、清淡整洁、朴实的期待。

工地里的女工

在工地时，和一位女工一起筛了几袋沙子，捡了几袋碎砖卵石，下次有机会该抹抹灰，找找平。不，该有个小场地，全部工序亲力亲为一遍，建筑师的梦想不就是用双手触摸世界么？经由自己的感官收获一切。

筛沙子的铁丝网扯开了，要小心点才不会被扎破手指；筛的时候最好马步蹲裆式，否则腰立刻就受不了；碎砖石不能装的太满，否则工人抗不下楼去，这些都是他们的经验。她说从小家境不好，没有条件上学，小学毕业就辍学了，什么活都干过，但是你们城市人要住房子，要吃粮食，还是需要农民工。

工地里随时干活随时收拾，要保证整齐有序

工地里筛沙子

园林笔记

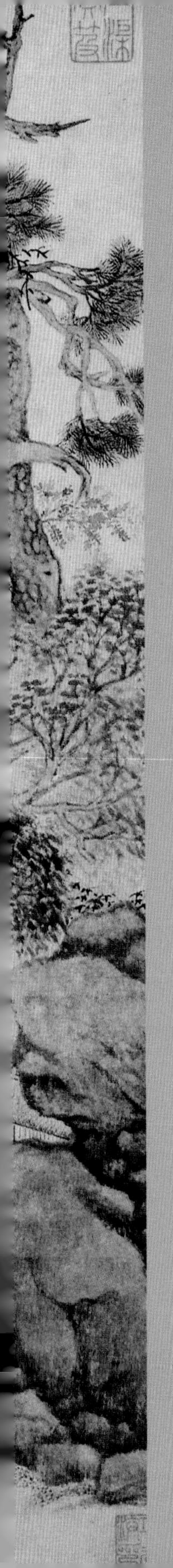

1. 明人张岱笔记中，常有营造房舍园林的故事。若是面积宽裕、资金充足，自然可以大动干戈，用半生时间经营家园景色；若资金有限，方寸之地，也不妨碍造出一个蕴含生机的小园。其中最要紧的是由立意到完成的一以贯之，从中可以窥见美的理想。这也是我们在设计中最乐于积攒的，形式的操作亦可基于此。其中两篇，最为典型，从《巘花阁》可见山间园林经营之法，从《不二斋》可见布置精巧的小屋如何自成一体。

花阁在筠芝亭松峡下，层崖古木，高出林皋，秋有红叶。坡下支壑回涡，石拇棱棱，与水相距。阁不槛、不牖，地不楼、不台，意正不尽也。五雪叔归自广陵，一肚皮园亭，于此小试。台之、亭之、廊之、栈道之，照面楼之侧，又堂之、阁之、梅花缠折旋之，未免伤板、伤实、伤排挤，意反局蹐，若石窟书砚。隔水看山、看阁、看石麓、看松峡上松，庐山面目反于山外得之。五雪叔属余作对，余曰："身在襄阳袖石里，家来辋口扇图中。"言其小处。（《巘花阁》）

不二斋，高梧三丈，翠樾千重，墙西稍空，蜡梅补之，但有绿天，暑气不到。后窗墙高于槛，方竹数竿，潇潇洒洒，郑子昭"满耳秋声"横披一幅。天光下射，望空视之，晶沁如玻璃、云母，坐者恒在清凉世界。图书四壁，充栋连床；鼎彝尊罍，不移而具。余于左设石床竹几，帷之纱幕，以障蚊虻；绿暗侵纱，照面成碧。夏日，建兰、茉莉，芗泽浸人，沁入衣裾。重阳前后，移菊北窗下，菊盆五层，高下列之，颜色空明，天光晶映，如沉秋水。冬则梧叶落，蜡梅开，暖日晒窗，红炉毾氍。以昆山石种水仙，列阶趾。

左图：[明]文徵明《洛原草堂图》绢本设色 28.8cm×94cm 北京故宫博物院
刘九庵先生《吴门画家之别号图及鉴别举例》（故宫博物院院刊.1990.第三期.）一文的别号图简目中即包含此画。这幅画是"明代白悦的私家园林实景。山前丛林中草堂一间，左为水榭，右有院落，屋前板桥之下小溪蜿蜒而过，对岸苍松挺立，二人带童携琴正信步而行。"（《故宫博物院藏文物珍品大系 吴门绘画》.2007:50）

紫苔先
来此生已
夢应無

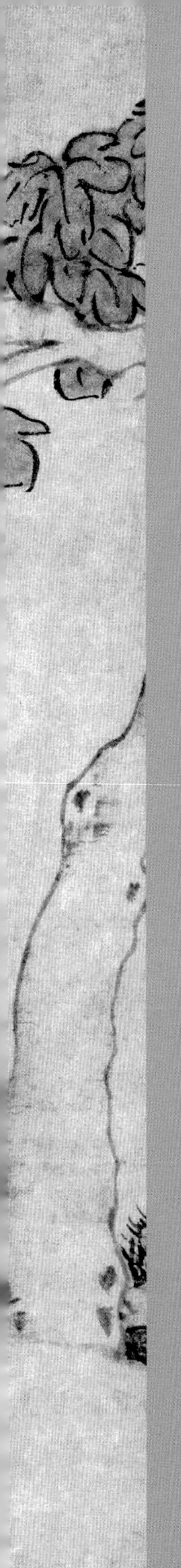

春时，四壁下皆山兰，槛前芍药半亩，多有异本。余解衣盘礴，寒暑未尝轻出，思之如在隔世。（《不二斋》）

2. 明代有一种“别号图”，以文人别号为题，绘其胸襟志趣。刘九庵先生在一篇文章里写道，“举凡我们所了解的别号寓意，虽不尽相同，但都有一番取义，又都离不开士大夫文人的生活理想和情操”，其中的一些，又尤其“以文人隐居的旨趣为主要内容，突出了“若以城市中而求隐居”的别样境界。”其中涉及园林的，既是表现别号主人的生活旨趣，也是创作别号图的文人画家的艺术构想。这在今天看来，似和建筑师的设计方式有共同之处，从中可见如何经营意境。

3. 文震亨《长物志》第一卷《室庐》中，分门别类记述了几种“功能房间”，我们会发现这些房间的设想总是与环境联系在一起，或者说，总是与意境联系在一起。譬如“山斋”“丈室”与“茶寮”，对照“别号图”的经营，像是互为补充说明。

宜明净，不可太敞；明净可爽心神，太敞则费目力。或傍檐置窗槛，或由廊以入，俱随地所宜。中庭亦须稍广，可种花木，列盆景。夏日去北扉，前后洞空。庭际沃以饭渖，雨渍苔生，绿褥可爱。遶砌可种翠芸草令遍，茂则青葱欲浮。前垣宜矮，有取薜荔根瘗墙下，洒鱼腥水于墙上引蔓者，虽有幽致，然不如粉壁为佳。（山斋）

丈室，宜隆冬寒夜，略仿北地暖房之制，中可置卧榻及禅椅之属。前庭须广，以承日色，留西窗以受斜阳，不必开北牖也。（丈室）

构一斗室，相傍山斋，内设茶具。教一童，专主茶役，以供长日清谈。寒宵兀坐，幽人首务，不可少废者。（茶寮）

左图：［明］唐寅 《桐阴清梦图》轴 62cm×30.9cm 北京故宫博物院
这幅画可看做园林的缩影，入梦，简单，朴素，构思很奇妙。有时候，我们的设计总是难以放弃“建造实物”的想法。而环境的调配，未必只是一味建造。

2013 04

22

木工进场前奏，切红砖补墙面

昨天是木工进场的前奏。先对照图纸估计需要多少板材，计算出来竟有80多张，那可是2.4m × 1.2m的大板啊！不过细想下来，这也正常，因为所有家具都需要现场制作。

木工李师傅说做每一个家具，都需要设计图纸。他请我们明晰房屋每一处的情况，每个家具都先细致讨论之后再做。木工师傅和工头都对效果图乃至照片嗤之以鼻，坚持认为电脑上的图片和现实里的感觉差别巨大。

经历这一番讨论，不免有些踌躇满志，自觉仿佛一个古代营建园林的“能主之人”，就要开始真正的实施建造。尽管这不过是一个一百平方米的小小居室，但我们从不认为能够以尺寸大小来评价空间的质量。

雕琢红砖墙

北侧山墙是一堵没有任何修饰的两层高红砖墙，在白色的室内自然是视觉焦点。为了让红砖更加纯净，盖房子时遗留的电盒，上次装修开槽预埋的电线，都要去除，用切薄的红砖片修饰掩盖。普通工人干起这种活儿，肯定要牢骚满天，难为师傅了！

切割机转动，红色尘粉满屋子飞舞。瓦工师傅还是很认真：切割、泡水、再试探着填进洞口去，非常仔细。

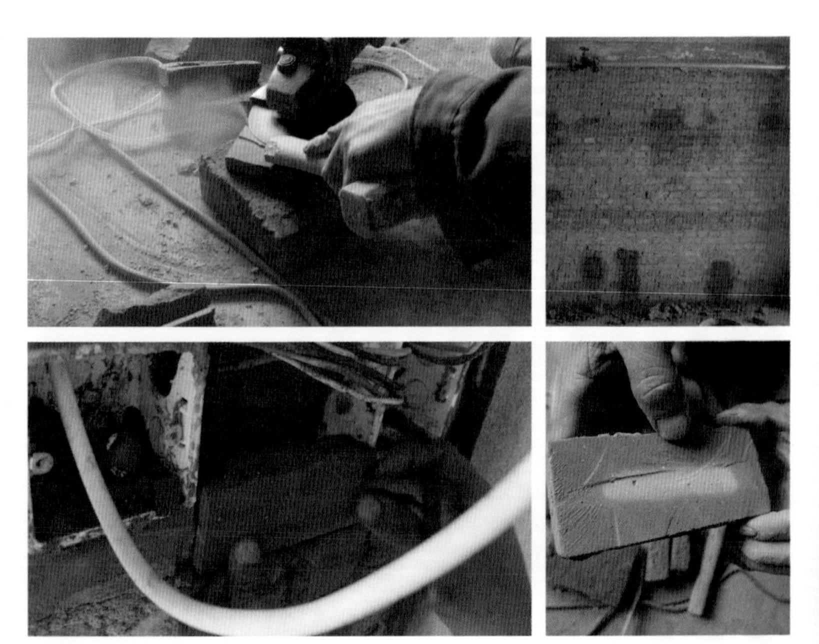

红砖墙面打磨修补

2013 04

23

—

木工进场，窗户厂家测量窗户

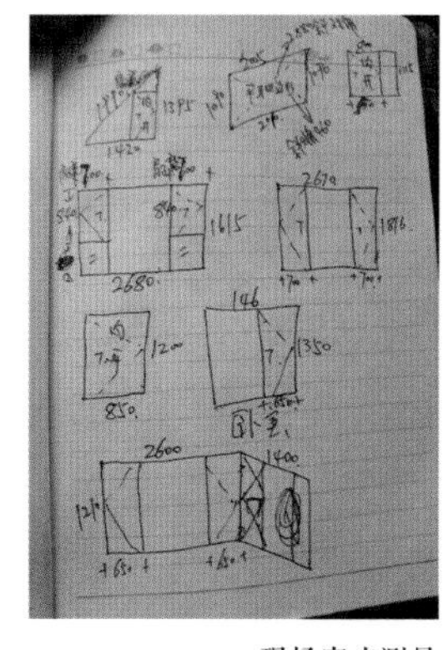

现场窗户测量

今天八十块松木指接板到了，板子尺寸 2.4m × 1.2m，楼门窄小，相对来说板子巨大，依靠人力，一块块抬到房子里。估计除了八九十年代，现在家里很少自己设计制作家具了吧。

木工台支起

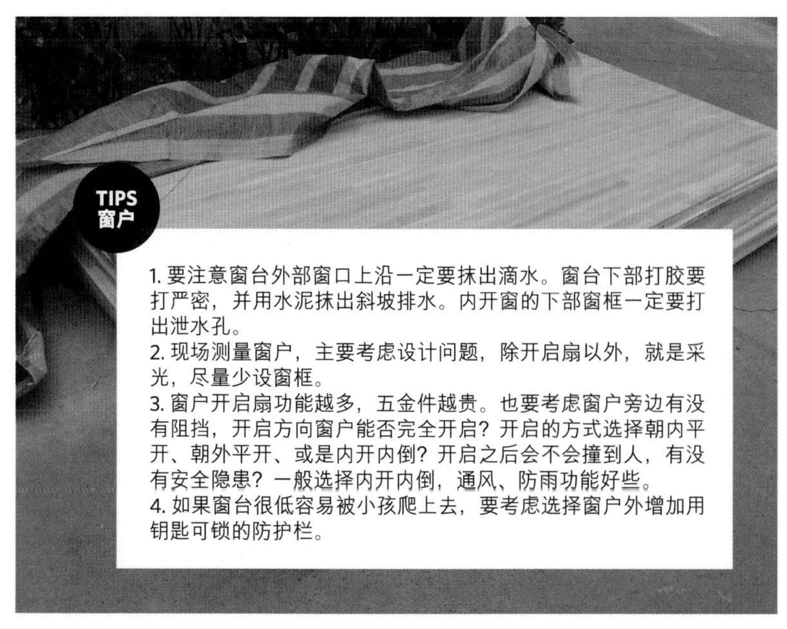

TIPS 窗户

1. 要注意窗台外部窗口上沿一定要抹出滴水。窗台下部打胶要打严密，并用水泥抹出斜坡排水。内开窗的下部窗框一定要打出泄水孔。
2. 现场测量窗户，主要考虑设计问题，除开启扇以外，就是采光，尽量少设窗框。
3. 窗户开启扇功能越多，五金件越贵。也要考虑窗户旁边有没有阻挡，开启方向窗户能否完全开启？开启的方式选择朝内平开、朝外平开、或是内开内倒？开启之后会不会撞到人，有没有安全隐患？一般选择内开内倒，通风、防雨功能好些。
4. 如果窗台很低容易被小孩爬上去，要考虑选择窗户外增加用钥匙可锁的防护栏。

第一批松木指接板

2013 04

25

二层屋顶底部吊保温板，一层阳台加做保温

挤塑板钉在斜屋面上

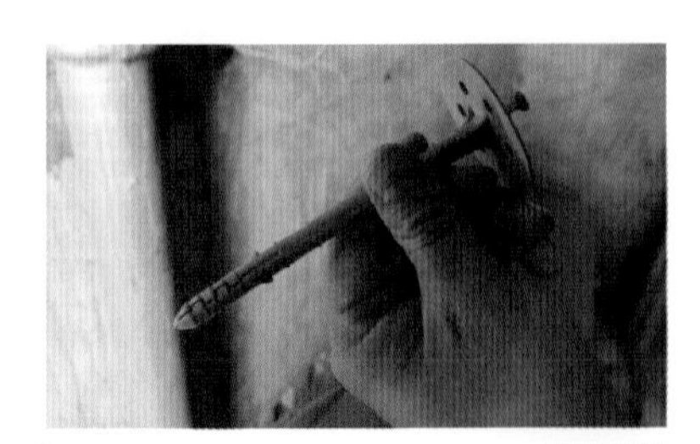

膨胀螺栓

这是20世纪90年代的房屋，搞不清屋顶是否做过保温层，所以决定在坡屋顶内侧加一层保温板。最有效的保温隔热设计，理论上应该是在外侧。但坡屋顶施工难度大危险性高，只好委屈理论，加在内部了。

蓝色的挤塑聚苯板很厚重，要靠长的膨胀螺栓钉进屋面板去。后来和师傅聊，其实这一层保温的做法可以换一种，即用石膏板吊顶，随后在吊顶之间填上轻质保温材料，那样最后室内天花的平整度更好，花费还会更少，但也许这样做，保温材料和屋顶之间的密实度欠佳，估计实际保温不会太好。

2013 04

26

—

初见木工活

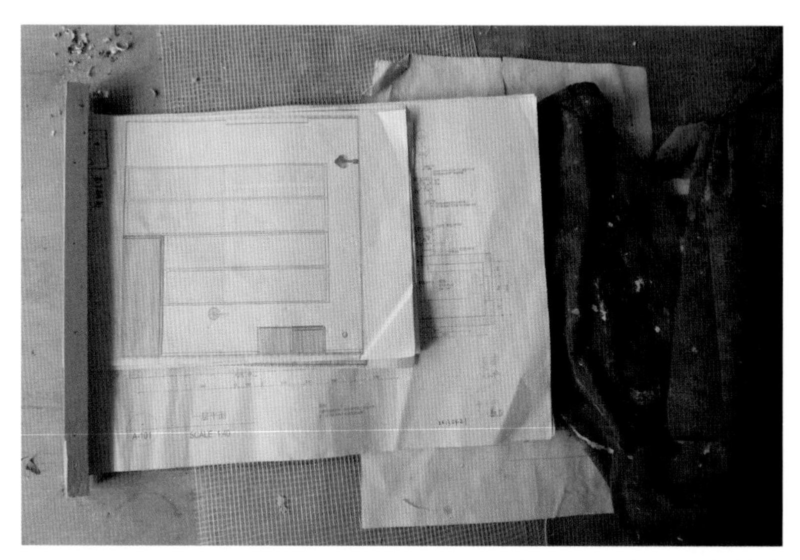

木工台上，用木夹子装订好的图纸

木工师傅李斌和他的儿子李汇丰很讲究：制作之前在墙上先放线，画出1:1的图，然后我们在现场斟酌比例，定下柜体功能与分隔，随后备料制作。待柜体做好上墙固定前，再定柜门的开启安装细节。

松木指接板堆放在屋子里的那天下午，空气里弥漫着松节油的味道。去年设计的一个商业室内，也用了大量松木格栅。原本的光环境暗淡，松木的颜色成了协调氛围的主材。指接板的干燥程度对质量影响很大，干透的才能不易变形。松木过一遍清漆后，颜色接近柚木，算是兼具环保和真实质感。板子要先做几遍硝基漆，通风快干，随后制作，这样以后在使用过程中沾上脏东西也容易擦洗。

家具纷纷跃出图纸，于是我们有了开“转角窗”的柜子、开通槽的翻板、无需门脸线压边的门洞。

每一个转角柜子、兼备储物的凳子都有新的可能性，但无限展开、未加选择的可能性可能会导致最无个性的设计。那接近唯一的答案落在真实地点里变成实物都有功能潜质，一件器物最薄弱之处，也许正在呼唤另一种材料来搭把手。

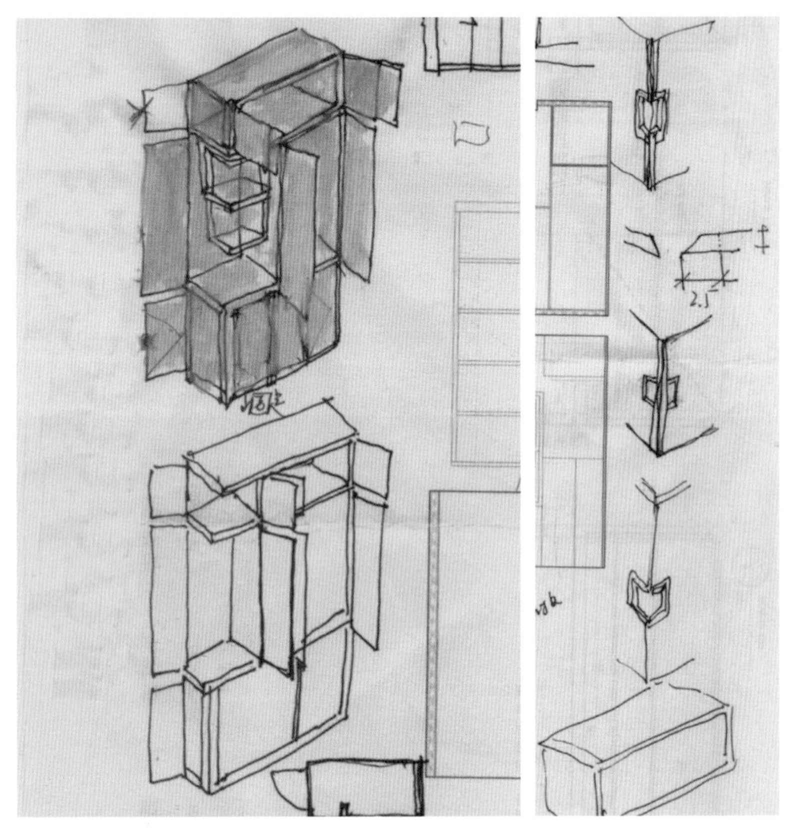
大卧室立柜两个面都有开启柜门的可能，针对这一点，做了一些设计

对开门的扣手考虑

2013 04

27

—

普通家具与特异家具

大卧室立柜的门的开启、储藏搁架布置

钢结构今日继续加装维护板。墙板几乎全都异形，必须精准切割，速度比较蜗牛。板材隔热材是聚苯，防火要求高，居然需要边切割边浇水。

李师傅已将一层几处柜子放线。墨线上墙后，几件家具的样子和尺度像是立刻在室内栩栩如生。于是猛然意识到，之前电脑空间里的平立剖线条到了现实空间，不一定总能胜任的。虚构场景里，我们面对的是形式加抽象功能，到了现实环境里，我们还要面对三维空间里的立体、高度、人在运动中的观感、人的身体的触碰感知和需要。通常，人们在家具店里挑选家具，本来觉得回家后一定很适用，但过了一段时间，就会发现诸多尺度或功能上的不合用。比较诚实的方式，也许还是先忘记形式，从考虑如何满足变化的需要开始。或许如此，普通的家具才能成为不普通的家具。

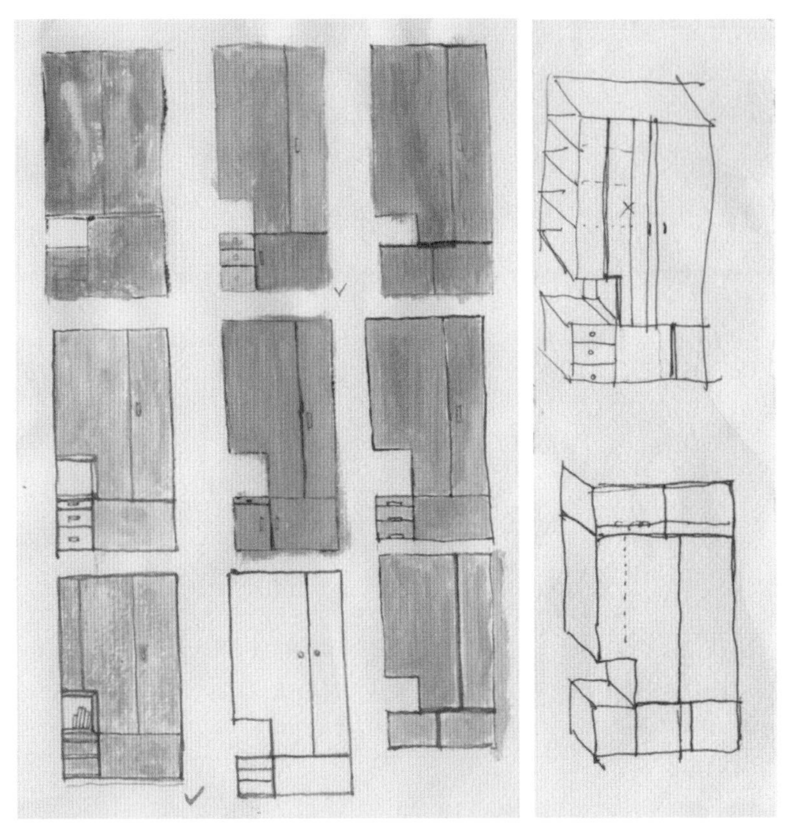

小卧室床头柜的立面考虑　　小卧室床头柜的功能考虑

一层家具草图统一放线在墙上

放线出来后，我们的第一个想法是，这样是不是太单调了？是不是变化太少？形式单调倒不是问题，问题在于形式的来由——功能是不是考虑不周？于是对着白墙上的墨线苦思冥想。发现入主卧室门旁的立柜，同时有两个立面，因此在转角处改为双扇开门。立柜下方适应房主时常出差的需要，柜门开合顺应了旅行箱推拉方向。小卧室的面积小，书架悬挑在卧榻之上，并考虑人在榻上活动不能碰头。为了防止书架上落灰，全用外盖板封闭。在抬手可及的地方，留了三个洞口，不用盖板遮蔽，既可以放些装饰，亦打破了封闭盒子的单调。床头柜上方做成朝向床头的书架，拓展新的储藏架，又隐匿之，是个秘密书架。

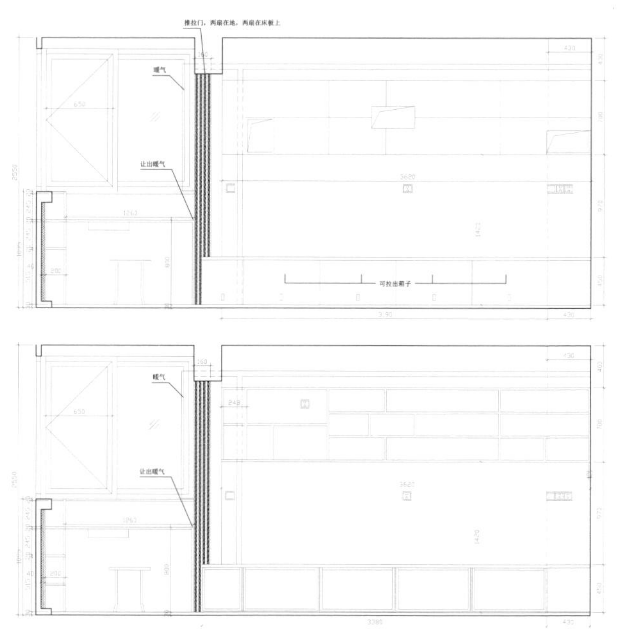

家具 cad 图虽已完成，不在现场放线上墙，还是不放心

2013 05

01

家具草图上墙

想象之轻与现实之重

按照惯例，设计之初要集思广益，然后出现一个契机，使脑海中积攒的资料揭开一角进入自己的想象，承受新的使命，支起眼前的现实。

现在设计师很喜欢在墙上安置长长的搁板，在师傅看来，只是样子货，如果没有背板和木方支撑，承重可能会成问题。而那些大块面板上完整的美丽木纹图案，尽管好看，但因为实木昂贵，这些木纹只是在大芯板外贴的木纹饰面，而这类板子胶含量相对高一些。许多实木家具的次要面板也是贴木皮而已，鉴别的方法是看板子侧面端头。实木没必要侧端封板，封板的则很值得怀疑。

听师傅聊天这几天，花纹独特的水曲柳，有好看的木疙瘩的马尾松，能治跌打扭伤的香樟木，纷纷进入想象。我也得承认，作为建筑师，曾经的设计经历中，也许时常缺席一位富有经验的匠人、擅用双手的手艺人的参与，一位由想象之轻渡往现实之重的摆渡手。

基本定案的柜子方案墨线上墙

墙壁腻子刮毕，木工要开始大显身手了！家具要现场制作，墨线上墙，今天一层家具开始下料制作。整体下料，才能节约板材。

抓一把松木指接板的锯末在手里，很细腻，闻一闻，有特殊的香气。

今天家具雏形大体完毕，没装柜门之前，还比较有形式感。等过一段时间装上柜子门，在打开和关闭之间，内在形式一隐一现，应该也是个谜题般的游戏。

闭水试验

卫生间做闭水实验是家居装修比较重要的一环。闭水不好，楼上漏水，殃及楼下。需要全部翻开重来修理，工程浩大损失惨重！如今的家居防水全部用防水涂料，是因为如今的多高层民居全部是现浇结构，整体性好。如果是老楼老房，采用预制板的，防水涂料就随着楼板间的裂缝的开合撕裂，就失去防水作用了，还是采用防水卷材为好。

次卧室家具雏形

2013 05

05

主卧和次卧的柜子制作好，上墙

TIPS 闭水实验

1. 闭水试验是针对卫生间、淋浴间的防水工程试验。有一些要求较高的楼房，厨房和阳台也都做防水和闭水试验。
2. 闭水试验具体实施是：在防水涂料或卷材彻底做好干燥后，把地漏堵好，在实验区域放水，水深 2cm 以上，保持 48 小时之后，到楼下仔细察看是否有漏水。如果没有漏水，闭水试验即通过。

2013 05

06

二楼的卧室台阶柜子

现场放线，现场修改

二楼卧室，墙面上已经画好家具位置

楼上工作室最高点也是 4.5m。这是业主的第一套房子，给他们尽可能争取点利用空间吧。我们设计了局部的夹层，夹层上方可以是个小卧榻，也可以用作其他功能。下面设计一个工作台，床可以灵活布置在旁边。我们喜欢一物二用，多维度合一。于是，紧贴墙壁的柜子变成了与屋顶斜率一致、逐渐爬升的台阶。因为使用率不高，台阶可以更照顾柜子的规律。

我们不断推敲柜子的尺度，但也只有在现场贴完保温之后，斜面屋顶下方的尺寸出来，才能确定柜子每一级台阶的绝对高度。

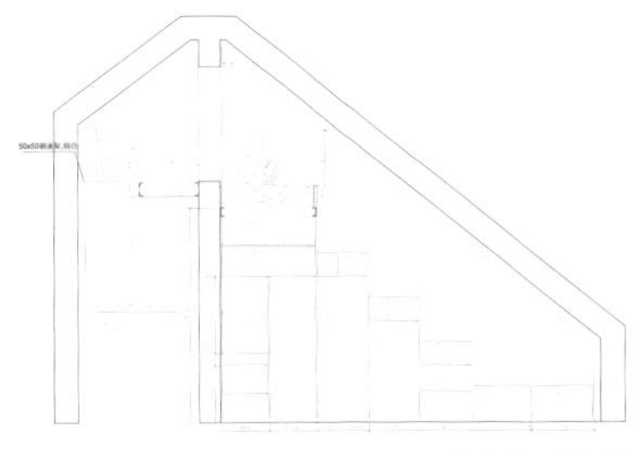

工作室柜子内部

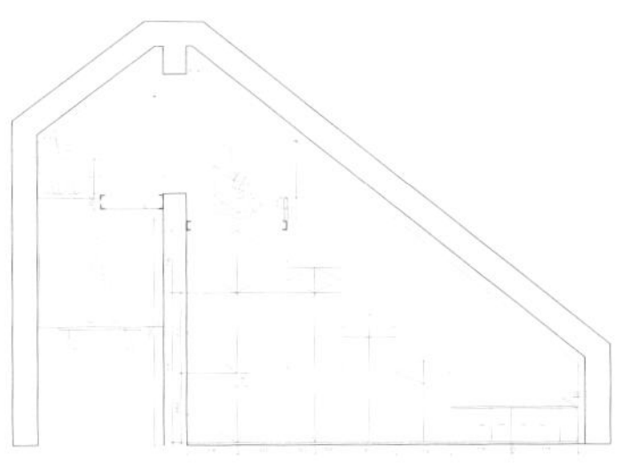

工作室柜子立面

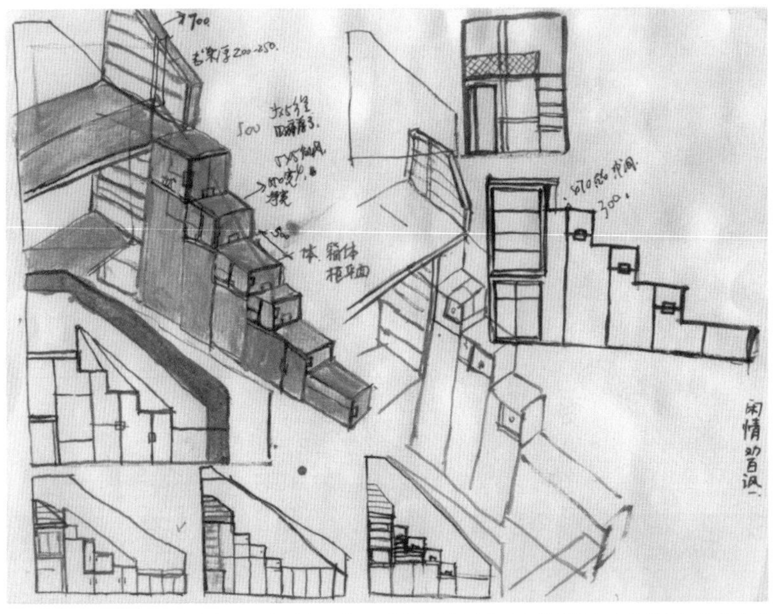

工作室的柜子结合爬梯、衣柜储藏，爬至顶部的床板又需要与楼梯间上方悬挑板的高度协调

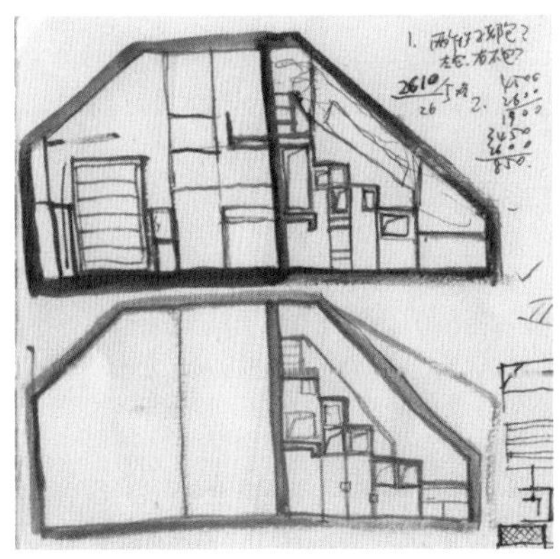

计划爬梯柜子的尺度、扶手的方式、柜门如何开启，柜门划分比例

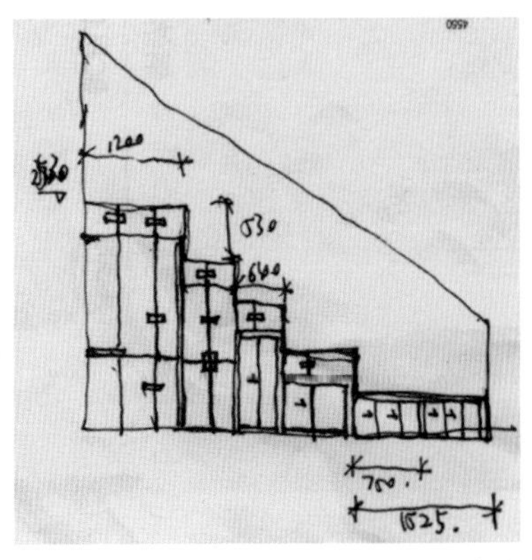

最后设计还是争取尽量整齐

2013 05

07

卫生间铸铁管，制作木楔子

木楔子是家具固定上墙的重要物件，木楔子先钉入墙里，再将钉子固定在木楔子里，相当于在墙体里打入一个膨胀螺栓，可以增加摩擦力和稳定力。

制作木楔子。木楔子是柜子固定到墙面上的必备材料

卫生间为同层排水，切割铸铁管作为排水管道

家具完成效果

画线定位了合页的位置，也即柜子门合页工作原理

2013 05

08

—

各种门与各种合页

一种理想的柜子门合页，但在商场上难找到合适承重的

带地弹簧的玻璃门合页

楼上设计了三处柜子与门的二合一，承重量大，需要特别考虑使用能吃力的合页。

门洞口要考虑到与门框的交接——合页、把手、以及门打开后与旁边家具的关系。

比如柜子门，柜子的外盖门须和门套板齐平。另一处储藏室门洞里的柜子与门合一，其安装方式有几种选择，其一是侧装的普通明合页；其二是柜门可

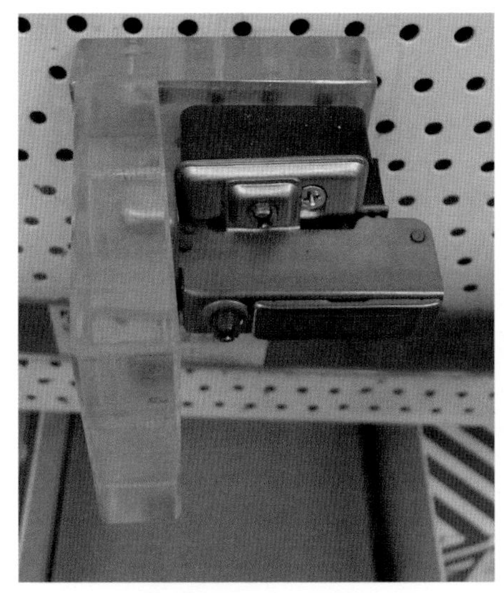

普通外盖门合页，分为全盖、半盖、不盖。选购区别主要看柜门和柜框的关系是什么

转轴合页，主要限制在于：1. 称重；2. 打开后门与门框之间的缝隙

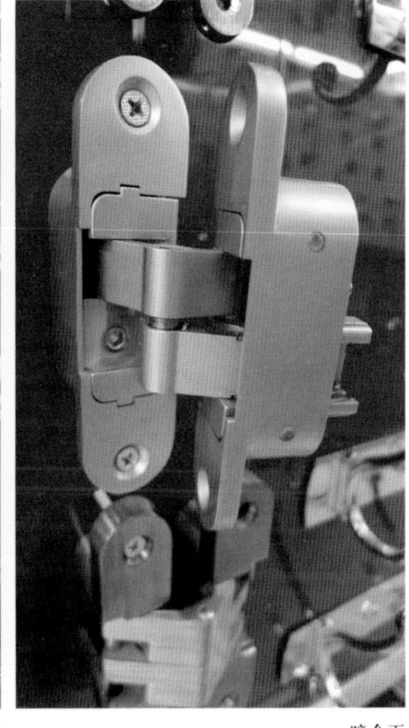

暗合页

以整体拉出，下面安轮子；其三是暗合页和转轴合页，在门的上下两端嵌入。

需要先去看看市场上有什么合页，有现成的当然好。如果没有，就用现成的合页加工。其中，能适应自重较沉，又要应付未来放置东西、开合自如的二合一的“柜子门”的合页是重点寻找对象。有一种两片式的合页，可以完成这个任务。但是找遍市场，两片式的合页都是小的立柜合页。此外，带有地弹簧的合页经过改造一下，也可以适用于柜子门平开。

2013 05

09

修改二层的柜门，定下独卧山涧；因经验而生的建筑

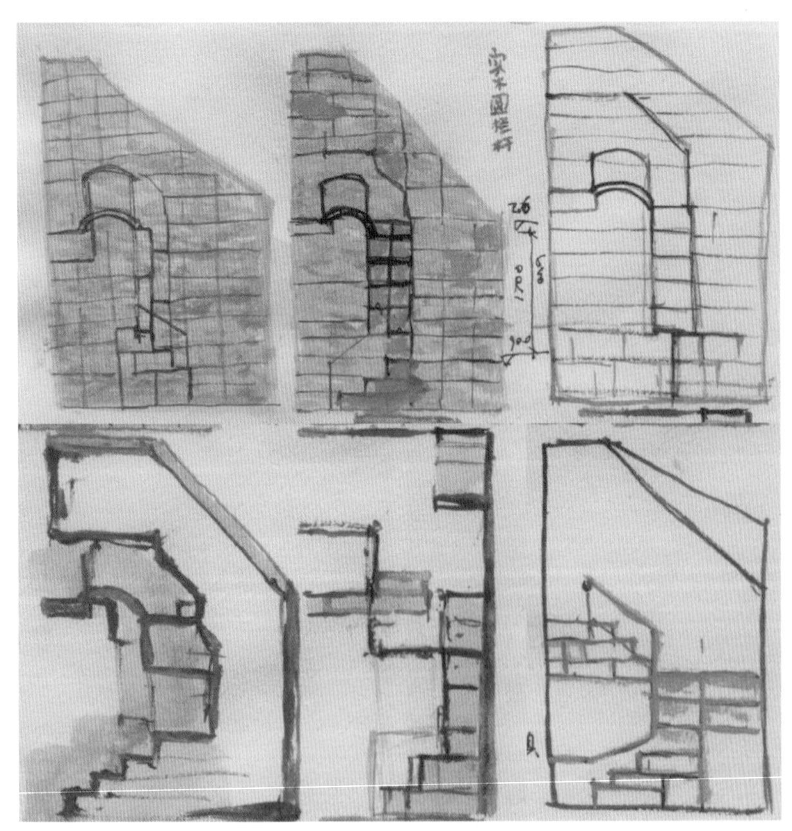

在书架上设计爬梯，兼顾攀登功能，原本还希望从书架上有一条爬梯能够爬至小出挑木格栅屋，后来都取消了

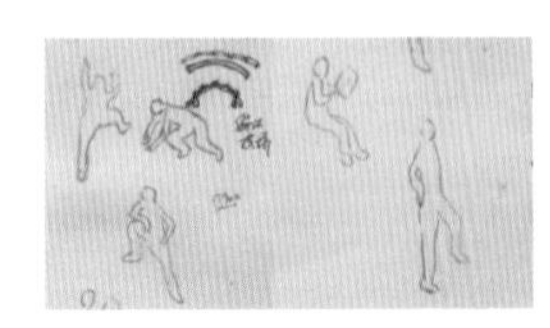

计划攀爬的动作和使用书架的状态

现场确定书架山洞的深度

二楼书架“独卧山洞”规划阶段

和李师傅现场比划书架下的山洞尺度

我们不无悲观地认为，也许在很长一段时间里，我们都只有羡慕别处的房子和花园，羡慕别人对生活的想象力，比如那些材料运用里尊崇着上帝信仰的逻辑。也许原因之一就在于我们太缺乏独立思考和实践机会。

工地现场，有更多的机会直面尺度：哦，应该是这么一个座椅，那样一个书架；亲切的扶手该长什么样儿，书架的高度又该是多高。这个时候，美唤起的感情是真切的。

今天在工地停留很久，这两天颇为焦虑，二层山墙的书架怎么做呢？是和一层保持一致，横平竖直规规矩矩地从地到天吗？还是在书架里嵌入一个山洞一样可以躺可以坐的平台呢？书架需要时常整理，是否该有方便踩踏和攀爬的设施呢？

在现场，用苯板临时搭一下，检验这个看上去相当险峻的书架合适与否。顾虑集中在：

1）会不会影响朝向阳台的开门？

2）会不会在书架下这个凹洞里坐的时候，感到压抑和不舒服？

3）究竟下部坐柜设计为多宽，才既不额外占用空间，又舒服好坐？

4）凹洞上方的山形曲折，是不是影响人的活动？

头一天跟李师傅描述想要一点险峻山洞里的感受时，李师傅颇为理解，也觉得不错。不做这个山洞，就是普通书架，做了，就是“特异的感受”。

中午去工地，把楼上书架的图纸给李师傅。这时发现工作室东侧一溜柜子，要考虑将来在屋子中间摆了床以后，柜子门还能打开，因此修改平开门为推拉门。

下午四点多，李师傅已经在二层山墙上给书架放完墨线。一块与书架同宽（40cm）的木板平放在山洞上方，在山洞下面用一块 60cm 宽的保温板比拟坐榻。坐下体验一下，头上空间尚且有余，坐的位置虽然狭小些，但还可舒展。大家一致决定，这个书架就这样定下了！

折曲的山洞下方，木板里还可以嵌入小 LED 酒柜灯，这条山涧应该可以在以后发挥更多未预料的作用。

建成后，在这里抽一本书，就地坐下来看，再抽一本书；也许按照一个线索找资料，找一堆书在身边，怎么能没有一个可以阅览、坐卧、找书、堆书功能齐备的书架呢？ 60cm 宽度还可以躺，躺在小山洞里打打盹。

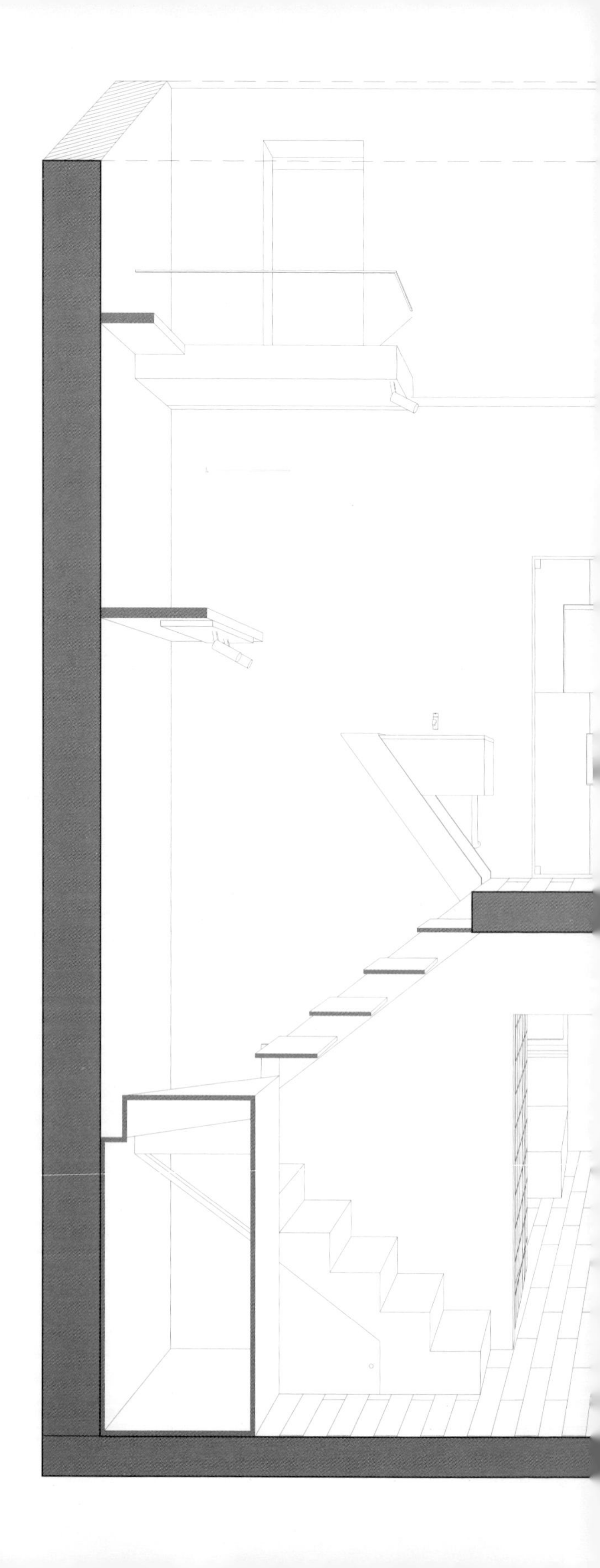

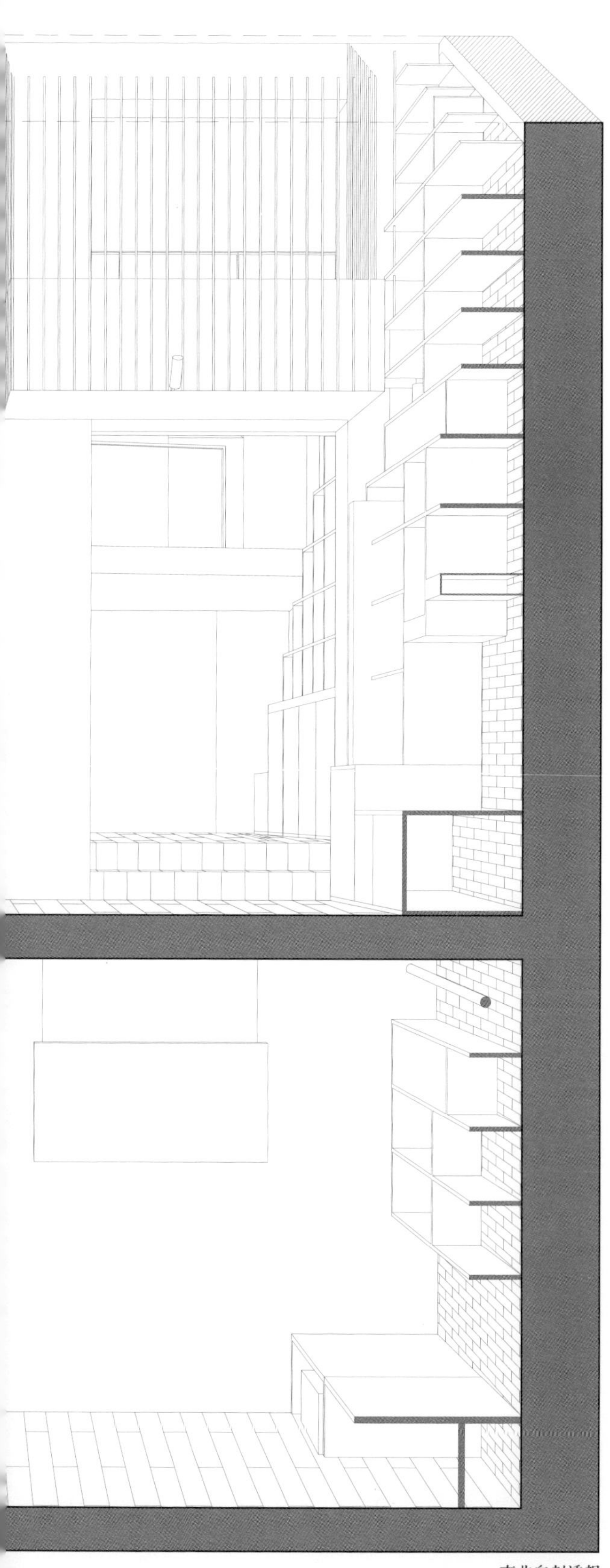

南北向剖透视

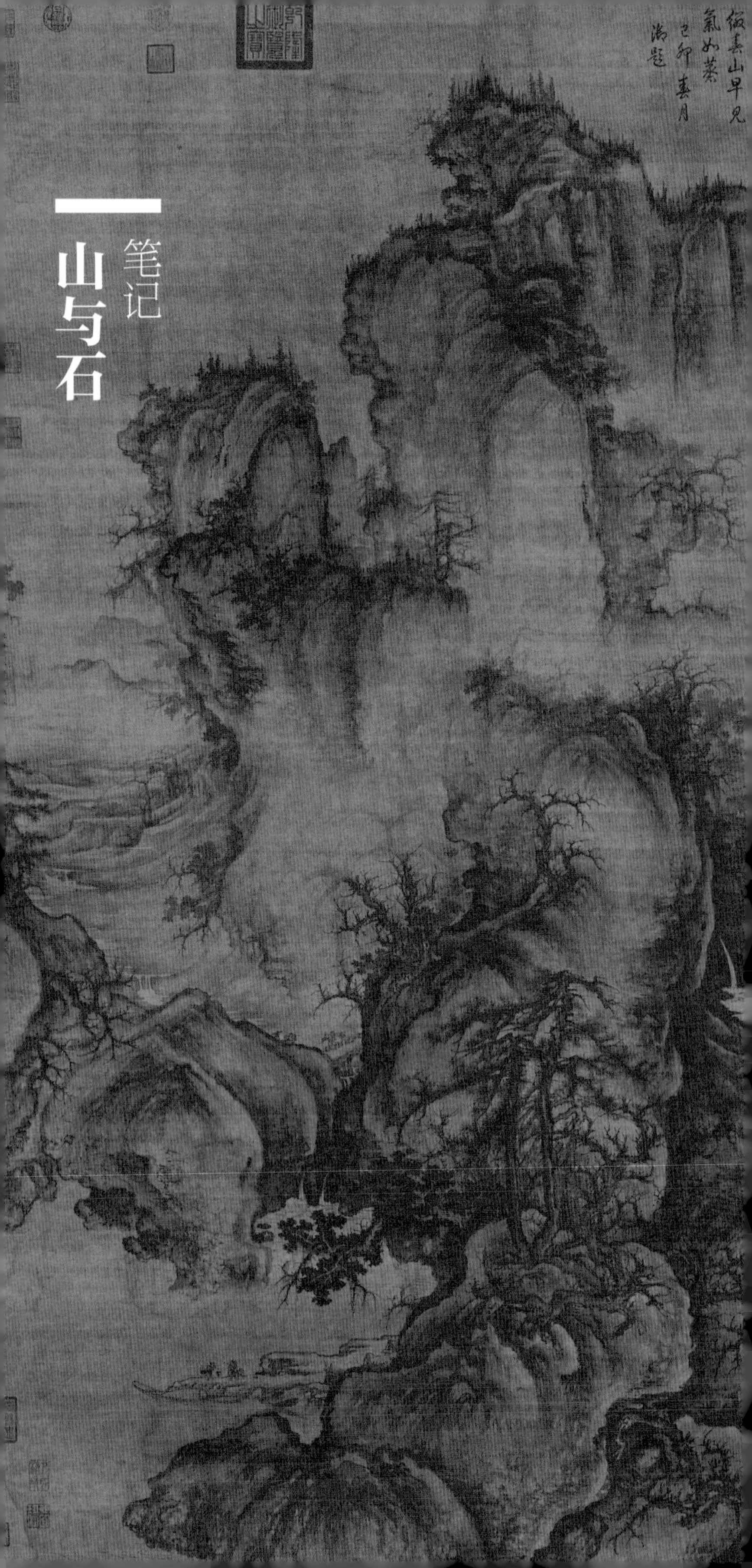

山与石

笔记

1. 画论中关于山水最为广泛的引用，大概是出自郭熙《林泉高致》中的文字："世之笃论，谓山水有可行者，有可望者，有可游者，有可居者。画凡至此，皆入妙品。但可行可望不如可居可游之为得，何者？观今山川，地占数百里，可游可居之处十无三四，而必取可居可游之品。君子之所以渴慕林泉者，正谓此佳处故也。故画者当以此意造，而鉴者又当以此意穷之，此之谓不失其本意。"

"可居可游"成为"山水"的理想，如果山水只是沦为造型追求，最为糟糕。那么又该从什么角度来理解山水、亲近山水、摹写山水呢？

2. 明代张南垣（1587—1671）较计成叠山和成名更早，影响了《园冶》的许多观点（详见曹汛先生《造园大师张南垣》）。吴伟业撰写的《张南垣传》（《虞初新志》卷六）里，记录了造园次序："经营粉本，高下浓淡，早有成法。初立土山，树木未添，岩壑已具，随皴随改，烟云渲染，补入无痕。即一花一竹，疏密欹斜，妙得俯仰。山未成，先思著屋；屋未就，又思其中之所施设；窗棂几榻，不事雕饰，雅合自然。主人解事者，君不受促迫，次第结构。其或任情自用，不得已骫骳曲随。后有过者，辄叹惜曰："此必非南垣意也！"

可知张南垣先立土山，并顾及土山戴石的皴纹、设置景物；有景之后，再根据景物，布置房屋和室内。计成在"掇山篇"里，对山分类共计"园山，厅山，楼山，阁山，书房山，池山，内室山，峭壁山，山石池，金鱼缸，峰，峦，岩，洞，涧，曲水，瀑布"。看上去似乎天马行空，但细想其道理，会心之余，更觉惊喜。在传统全景山水画里，画家安顿房屋于山水间，反过来，当匠人造园，揣着更大的野心，要把画里山水间的房舍一一携带

左图：[宋] 郭熙《早春图》绢本 158.3×108

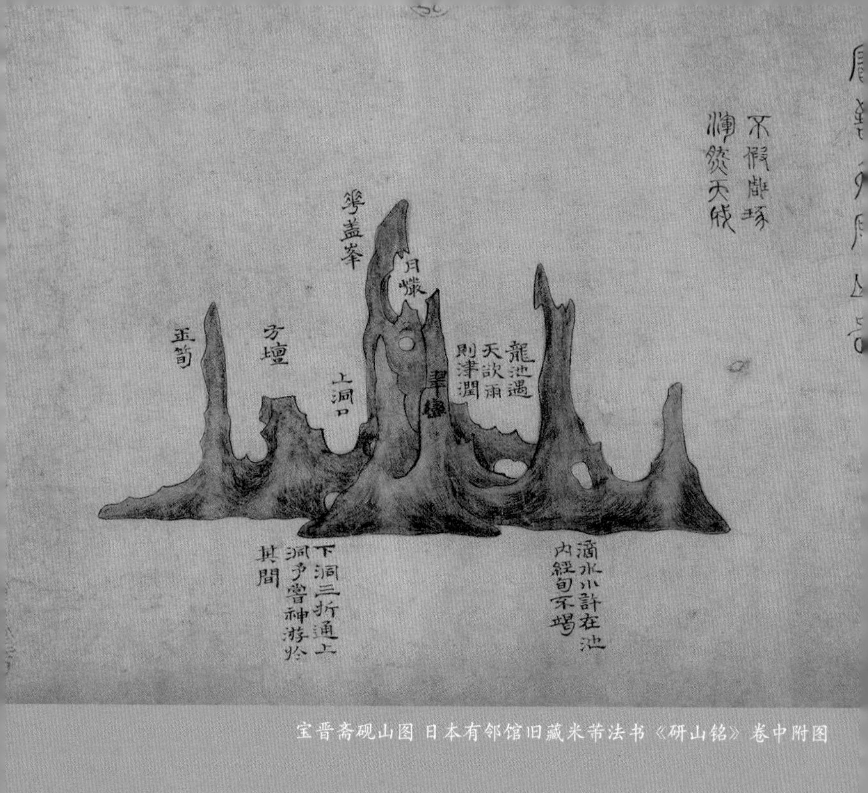

宝晋斋砚山图 日本有邻馆旧藏米芾法书《研山铭》卷中附图

[宋]李公麟《山庄图》卷

[宋] 郭熙《关山春雪图》

着周边片段裁剪出来，经由高低远近的位置经营，安顿在咫尺小园里，这种挪移乾坤之法，正是巧夺天工。可知叠山一事，实在难以被变异、被提炼、被过渡，成为使用现代材料和现代抽象思维的建筑学建造。但关于“山”的运筹和巧思之中，包含着我们曾以为传统里不曾有的剖面关系和密集的空间想象力。

3. 汉宝德先生曾在一篇 1969 年的文章《明清建筑二论》中写道：

南方的山川形势之亲切与秀丽，以及河川之充分使用，造成完全不同于北方干燥大平原上之建筑方式。为建筑史家所称道的三合院、四合院等以中国伦理制度为本的体制，在南方并不是标准的建造方法；甚至流传了很久的堪舆法，在南方

五峰仙馆的立面

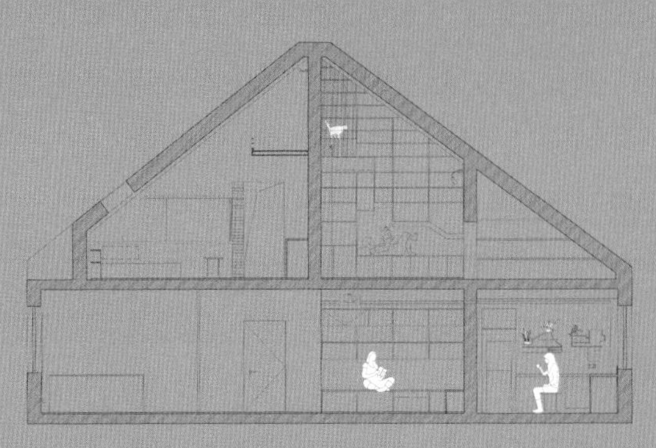

整体剖面

亦并不十分流行。因此北方以宫殿为本的雍容敦厚的建筑格局，在南方为自然形势的适应所取代，而有活泼、灵巧、因地制宜的新风格产生。故北方取“法”，南方取“势”。

这篇文章里谈到，正是因为古代交通不便，形成不同地域的建筑差异，“北方取‘法’，南方取‘势’”，建筑内部的高下、空间流转关系，也是“山水”观念带来的启示。

4. 传为北宋李公麟的手卷《山庄图卷》，对山的想象力令人叫绝。图中没有房子，把对房子的想象力替代为山，主客活动一一镶嵌在山的凹凸和高下里。

5. 日本有邻馆旧藏米芾法书《研山铭》卷中附图《宝晋斋砚山图》，传为米芾收藏的一枚南唐研山，附图砚山与史料记载的描述最贴近，“华盖峰、月严、方坛、翠峦、玉笋下洞口、下洞三折通上洞、予尝神游於其间、龙池、遇天欲雨则津润、滴水小许在池内、经旬不竭”。经丁文父先生考据，很可能是后人猜想和杜撰的一张图。但这张图所绘的山的凹陷与曲折对应于米芾的描述，也能稍稍满足我们的幻想。

北侧剖透视

一楼灯光实景，一般照明与墙面照明合二为一

2013 05

11

灯光的考虑

一楼房间都有墙面挂画的需要，所以把轨道灯、LED 灯管并置在一起。二楼斜坡屋面下，需要一种均匀的灯光，射向上方渲染斜坡屋顶；也需要局部向下的照明来点亮未来放置在几案上的花瓶摆件。室内灯的一个大忌是切勿眩目，这对于渲染室内氛围和保护视力有好处。

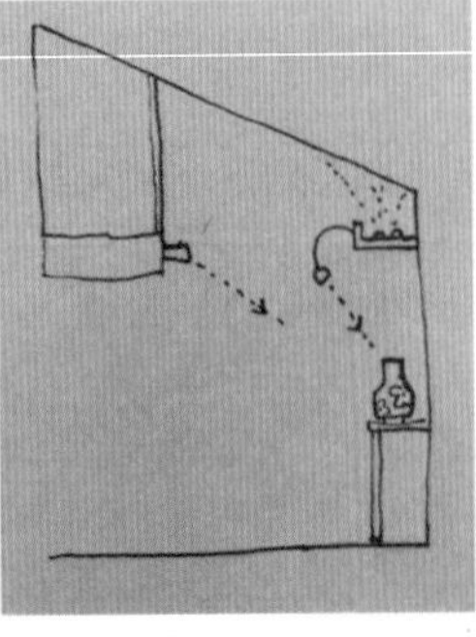

二楼墙面灯光设计，这个节点既包含照射屋顶的室内照明，也包含了照射墙面画作和桌子物品的灯具

二楼“独卧山涧”处书架正在制作

2013 05

12

很想问一问古人

盖房子的过程里要经历各种事情。我们自觉是爱好传统的一类人，有些问题很想问一问古人：

他们盖房子的时候是什么心情？可能会遇到什么困难？当他们想要做些创造、有新的想法时，有没有遇到过困难？创新的想法又是如何实施的？他们从创新里收获到了舒适、还是遭遇了麻烦？

盖房子的过程里，会不会受到左邻右舍提意见？他们又是如何看待有限的（甚或是限制想象力的）材料和资源？他们怎么用现实的创造表达自己的想象和审美？表达自己的生活理想，也即精神的渴望？

在我们看来，古人必定是不迷恋视网膜、概念阐释与抽象说辞。用一点一滴不可减省的时间和现实的经验，大概才可能打磨出诗情画意来。

2013 05

13

诚恳地创造愿望

卧室推拉门+平开门草图，讨论固定门闩

卧室推拉门+平开门平面图

跟师傅讨论门。一层的主卧室，一扇平开门靠在另一扇推拉门上，若不明白其中的构造细节，就会觉得简单。要实现，还有一系列需要解决的问题：平开门不设门框，上部必须停靠于固定在天花板的推拉门轨道上；推拉门和平开门要关上，表面齐平，要在两扇门的撞面上做错口；推拉门还需要作为隔墙停止在完全拉出的位置，因此需要在地面上装暗插销，固定推拉门的位置；推拉门从夹在墙和柜子之间的凹槽里拉出时，又需要一个隐藏的把手方便把它拉出。耐心的师傅至此忍不住说，你是在考我吗？但是仍然可以解决，在推拉门撞面做一个类似消防门的隐藏门闩，就可以把门推进、拉出凹槽，而且这个门闩可以用木头做。

虽然设计不复杂，但要涉及具体材料和构件的要求，例如密闭、不变形，

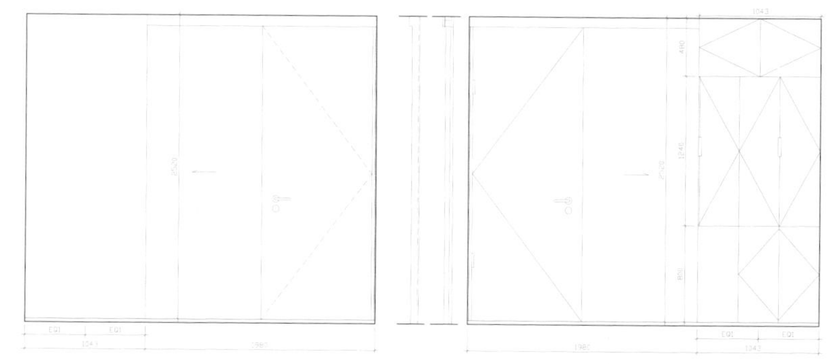

卧室推拉门＋平开门立面图

推拉门吊轨

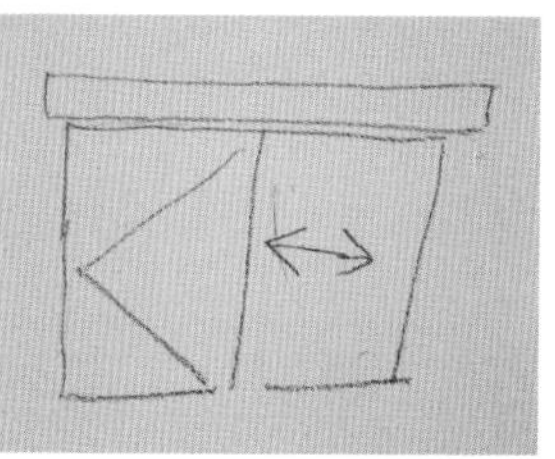

推拉门、平开门、顶部挡板的关系

对合页的种类和承重都有要求。师傅说，新材料越来越多，他自己也还在学习。我们心生敬意，也偷得一丝坦然。敬他应用技术至工作的热情，坦然经验总是有限，唯有积累。

自省，设计里投入的愿望似乎越发复杂，渐渐变成一个寻找麻烦的过程。也许这过程就像一条抛物线，从一无所有的起点开始，梳理、抚平所有的愿望，使概念和现实接轨，最终成品也将走到抛物线的另一端。一直以来，我们认为好设计便是节制的设计。

现在反省，我们得承认，确实是在为创造欲望而设计，其中最为诚恳的部分，是站在他人角度，推己及人地关注使用者的细微感受和需要，这不该是一句空话。

2013 05

14

关于门脸线

门脸线平墙面草图

卧室门洞，先做木楔子。门洞与墙之间的 1cm 缝隙用九厘板来留

我们设计中要求的门框与墙平，并且和墙之间留宽缝的想法，必须要等到门洞做好之后才能着手，也就是在门洞已经找平、刮腻子、初步粉刷之后。那时的构造就很清晰，门框是卡在结构墙里的木门洞。

通常我们在建筑书里看到很多有趣的门，如超常规高度的转轴门、锯齿形的咬合门等，多是公建里的门。因为画廊、展厅等公共空间对气密、隔音的要求不高，因此可以更自由。而一栋普通住宅里的每一道门，都有密闭与隔音的需求。

从外观效果上，我们对一层小卧室的门有两个基本设想：一是不要有周边一圈门脸线，二是门要与客厅延伸过去的墙面齐平。第一条可以实现，第二条就有些问题，因为门总是与开启方向的墙面齐平，即从小卧室内看来才与墙平。另有一种做法，可以把门的转轴一端加工成弧形，但会出现一道缝隙。

做好的门洞，去除了啰嗦的里外几层的门脸线

因此，还是得把普通门一点一点改成我们需要的门。怎么改呢？

1. 门框。取消门脸线，意味着门框一开始就要牢牢固定在门洞里，不是用胶粘，而是用膨胀螺栓的方式。并在洞口里固定加工好的门洞的企口。商量好这一个节点，其余墙洞口也都如此做了。

2. 门。现场制作，构造是 9mm 松木指接板 +20mm 奥松板 +9mm 松木指接板，成品厚度与外面定做的门基本一致。

3. 门锁。门锁也是现成品，但因为我们的门没有门脸线，门锁比门框略宽，需锯掉一些。

4. 门挡。在市场里找的成品。

5. 门把手。门把手也是挑选的现成品，我们和师傅沟通，希望能给把手上缠上棉绳或麻绳，避免硬角碰到人或墙。

湘妃竹

笔记

[元] 刘贯道《梦蝶图》
刘贯道的《梦蝶图》里，梦蝶人脚下，正是一架斑竹的搁脚架子

和师傅聊天越多，越能发现更多可能性。

小卧室和阳台隔开的四扇推拉门，看起来小小不然，始终悬而未决。虽然几乎没有功能，这却该是小房间里最宁静幻想的角落。最初，只是不假思索的四扇绷着半透明宣纸或绢的推拉门。绷布问题可能在于绷久了，木框中部会变形、收缩。后来想用毛竹劈成薄片编织，或是希望用藤编织，如果是藤的编织，需要在面积为 5cm 见方的木框上钻很多孔，绷紧，时间长了，也有使木框变形的问题，那么换成毛竹片的网格呢？就不是绷紧和编织，而是撑开、卡在木门框内，这样时间长，也不用担心木门框向内变形。但是正网格或斜网格，形式上有趣，但并不那么隽永。我问李师傅，在古画里、园林里总是见到湘妃竹或是梅鹿竹做的架子、桌子、车子、桥，湘妃竹能不能也成为我们的用材呢？如果把湘妃竹用在这四扇推拉门里，就只需要做嵌固，不用钻太多孔，对木框本身也少伤害。李师傅也赞同。

我们商量该把几种预想的材料都买回看看，对比一下哪种更合适。藤材料分藤皮和藤芯，按重量计；毛竹，买现成劈好的毛竹片，宽 1cm 即可；湘妃竹长度一般在 1.6 ~ 1.7m，三年的生长期，直径不均匀，在 0.7cm、0.8cm、0.9cm 左右。湘妃竹嵌入门框该用横向还是竖向呢？李师傅家在南通，对竹子很熟悉。李师傅说，竹子朝上长，下粗上细，下边的花纹少，上边的花纹多。这是竹子的风水，按照这个道理，应该竖向嵌湘妃竹。又说，种竹子很讲究，夏天出笋，秋后砍竹，出笋时绝不肯让外人随便进竹林，一片竹子就要一个人自己种，自己照顾，换了人，竹子就长不好了。

让砍下来的竹子依然按照鲜活的生长的样子来“种”在推拉门里，“事死如事生”，我想这真是非常有趣，想起钱穆先生写的中国人对待回忆的态度，须臾不离开过去。

从现场看来，为了结构强度和木色花纹的调剂，我们实在需要另一种实木，目前市场上实木种类繁多，价格悬殊，需要去现场感觉一下再定。

湘妃竹常常出现在画里和文人居室陈设中。其一，湘妃竹在传说中和忠贞之士有联系；其二，湘妃竹本身的色泽和斑点非常美丽。斑点是细菌侵染之后，竹子留下的紫褐色云纹。和湘妃竹相近的，还有“梅鹿竹”和“凤眼竹”。在我们看来，这是一处很能见出文人精到审美的典型，是基于自然，又比自然多一些偶然、不可人工求得的精巧天工。

柜子门上部转轴合页，切掉一半，以便转轴更靠近门框

柜子门的下转轴合页

2013 05

17

五金都已采购回来

柜子和门的五金基本采购完毕，为适应特殊需要的门，还需要在改造之后才能发挥作用。

我们都希望用暗合页，不会暴露在外，但这种合页容易坏。折叠推拉门常用暗合页，但上面有吊轨分担了重量，可以延长使用寿命；平开门用暗合页，由于平开门的重量对转轴有压力，很容易损坏；家里用转轴门，门缝太大，阻挡视线和隔音方面都会打折扣，因此还是露明合页用的最多。卫生间的玻璃浴室门，关键在密实性，避免浴室水外流，在门边加装胶条可以解决，浴室门的安装可以在大理石墙壁上做固定件。

储物柜的推拉门滑轮

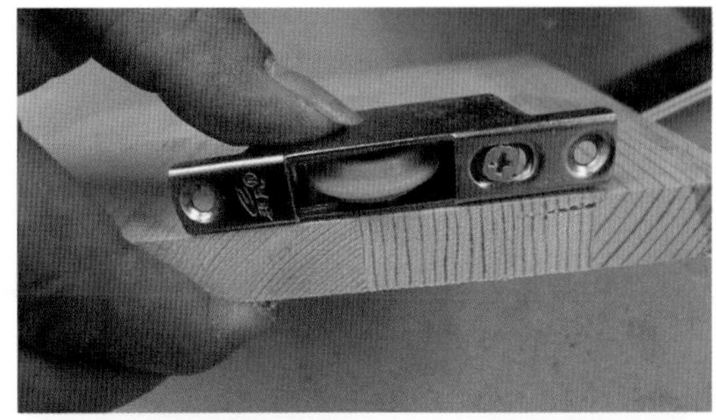

暗铰链，用于折叠门

大卧室推拉门的地插销

大卧室吊轨门顶部滑轨

TIPS 五金件

如果自己做家具，五金件一定要选质量好的。尤其是承重较大的抽屉、轨道储物柜、推拉门轨道、上翻门液压支撑杆等。

2013 05

18

—

定下湘妃竹的间距；研究打孔机，开始装合页

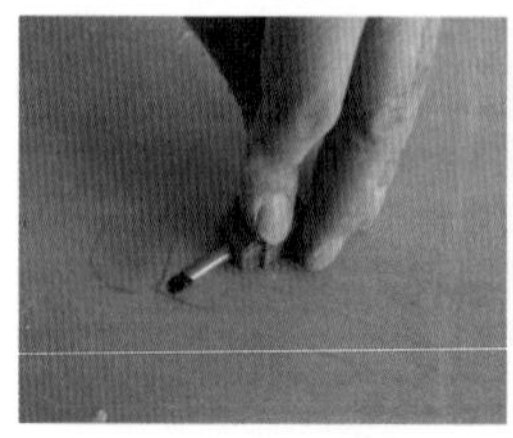

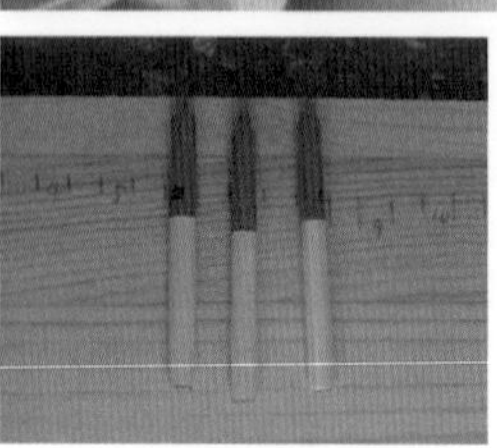

钻孔钻头　　　　用香烟比划竹子间距

和李师傅商量该买多少竹子，竹子的间距是一厘米一根？还是两厘米一根？横着装湘妃竹？还是纵向嵌湘妃竹？香烟的粗细和湘妃竹相近，用烟摆出间距，发现还是一公分间距比较好，按照竹子长度约 1.6m，我们订 60 ~ 70 根就合适。麻花钻头有各种型号，为嵌入直径不均匀的湘妃竹，也可以选用不同的钻头来打。

2013 05

20

—

二层开始做往上爬的饰面板；一层卫生间镜柜定下方案

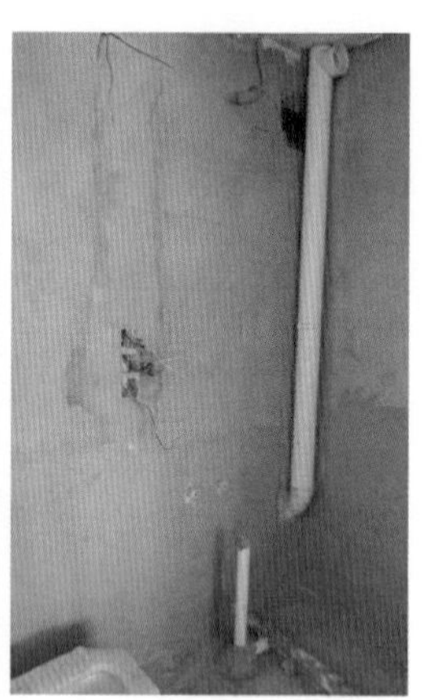

卫生间镜柜放线在墙上

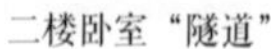

二楼卧室“隧道”

楼上卧室是斜坡屋顶，最高 4.5m。我们加了一个夹层，把靠墙的柜子干脆当成往上爬的台阶。这个不太方便的空间，一定要让夹层板上方的空间是积极的，要吸引人愿意往上爬。因此，我们在现场商定，应该让整条往上攀爬的“隧道”顶部和右侧都贴上一层木板，用 9mm 厚的松木指接板做饰面，让整条上升的路都变得温暖可以触碰，可以倚靠，温馨起来。

以前没意识，柜子和墙可以齐平不留开合柜子门的缝隙。这全赖新式合页的功劳。在卫生间里，可以设计一面左右都与墙面顶住的满玻璃镜面的柜子，这样形式就完美了！

卫生间完成后的实景

2013 05

21

—

墙不平，与饰面板之间有缝隙；计划新的实木板

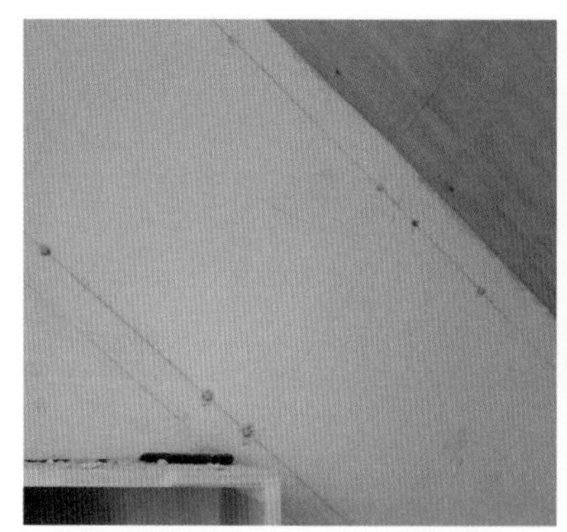

8mm 的松木指接板预备上墙，先放线、钉木楔子

水平仪找平后，发现墙面顶面的不平整

内装是个精细活儿，建筑的精细度要求明显不如室内装修。用指接板做天花饰面的时候，发现原来的斜向屋顶楼板不是十分平整，做完苯板再钉上饰面板时，发现有些地方和天花板之间空隙相当大。水平仪一打，就很明显看出来了。所以，挽救措施还要等第二次粉刷时，把这些缝隙填上。

随处可以坐卧，肯定是个舒服的设计。和李师傅商量，再去选一种比松木硬度大一些的实木板，用于经常坐卧接触的部分，例如床板、阳台茶室榻板、柜面板等等。

2013 05

23

—

两个门框初成，镜柜做好，今日做门，二层开始焊角钢床架

工作室追求的感觉

二楼卧室柜子及攀爬通道基本完工

柜子兼做攀爬台阶

楼上工作室的楼梯柜已经做好，商量定下台阶部分，遮盖每一柜子的门都采用外盖门。但后来发现对于上下攀爬来说，还是有些危险，因为门板的侧缘紧靠楼梯面，上下楼梯时很容易碰到、推开门板。

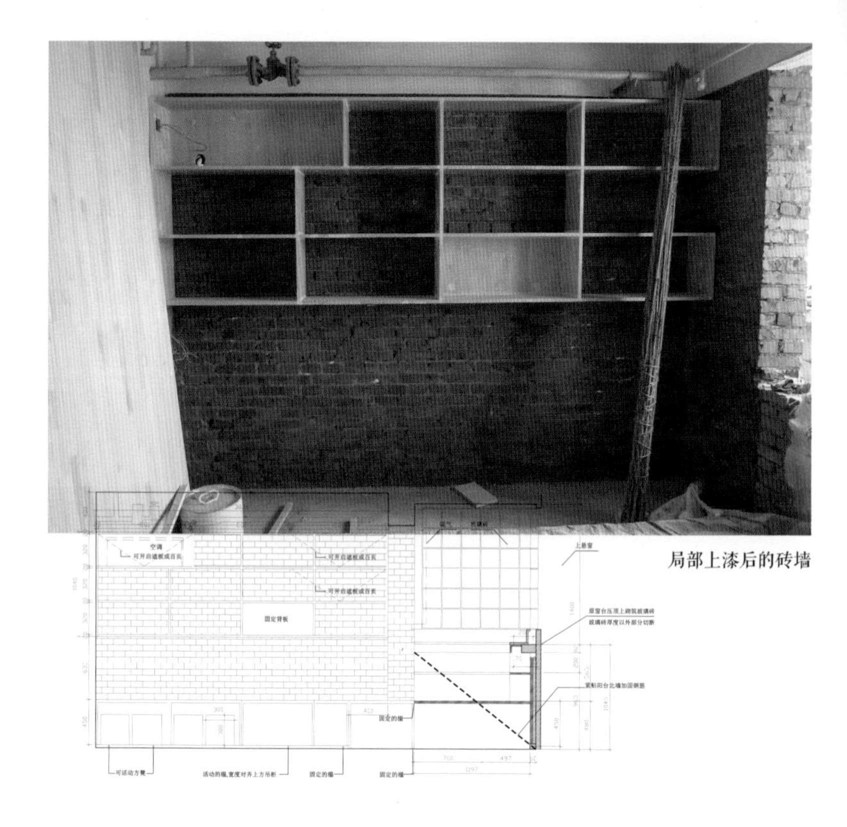

局部上漆后的砖墙

2013 05

22

—

一层红砖墙打磨并上漆，卧室门框基本完毕

今天红砖墙打磨清理完毕，李师傅特意局部上了清漆，试看效果。砖色新鲜，看样子十几年前砖的质量比现在要好得多。衣不如新，砖不如旧！松木书架上墙，被红砖映衬，鲜亮朴素，在朝东的客厅里，一进门就能看到，这就是家的感觉。

红砖缝隙的处理影响红砖墙的质感，原本工头让瓦工试着凿出一段灰缝凹陷的效果，今天来看，大家决定放弃这样做，太耗人工，也太过雕琢。我们的本意是提示这段墙本来的结构材质，只要把原本红砖墙考古般地发掘出来，略加修整就好。

卧室推拉平开门框基本完成了，对于细节的勾画设计，李师傅有更好的主意。门框不是直接和墙面对撞，而是仿效门脸线的精神，让开一个一公分的凹缝。举一反三，真是个有职业精神的好工匠！

右半部分将嵌在墙和柜子之间（详见 P118）

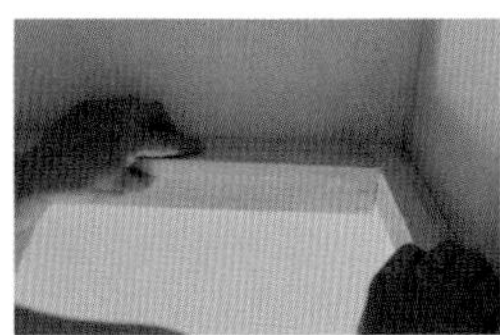

门框和墙面留有凹缝

研究推拉门和平开门的衔接问题

门框整体样貌

2013 05

24

—

一层卧室推拉平开门完工

一层高 2.4 米的两扇巨门也已装好，试试两扇门咬合如何，再刨一刨，微调一下。卧室无人使用时，一扇门推进柜子和浴室之间，另一扇门平开紧靠到墙上，东西两侧的光可以会合，风也可以自由流动，既解决功能又烘托氛围的主卧室“门墙”就完成了，此处是完美之家的形象释义么？

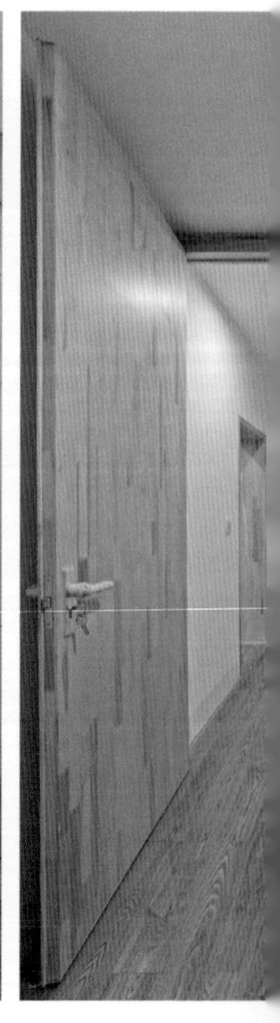

吊装推拉门

卧室外看门的推拉平开

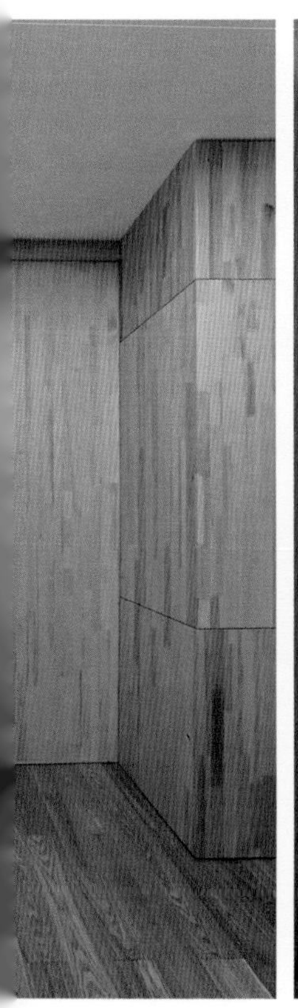

卧室内看门的推拉平开

2013 05

25

藤皮到了

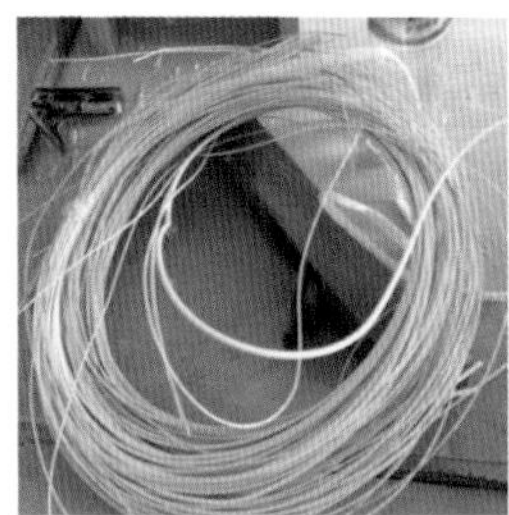

藤芯

藤皮

藤芯用作酒杯搁架，可以控水

藤皮编作搁物架，可放蔬菜

这次的计划之一是，多尝试几种自然又亲切的材料。松木指接板、楠竹片、藤皮、藤芯、湘妃竹，这些不起眼的材料陆续进场，基本和抽象无涉，带着植物失去生命之后，逐渐沉淀和稳定的各种色泽。手感有的光滑，有的则需要略加刨光才能适应贴近身体的需要。来工地看一看，摸一摸这些自然的片段，就很让人喜欢了。

2013 05

26

—

去看木材市场

花枝板

松木板

各种常用板材

名贵原木

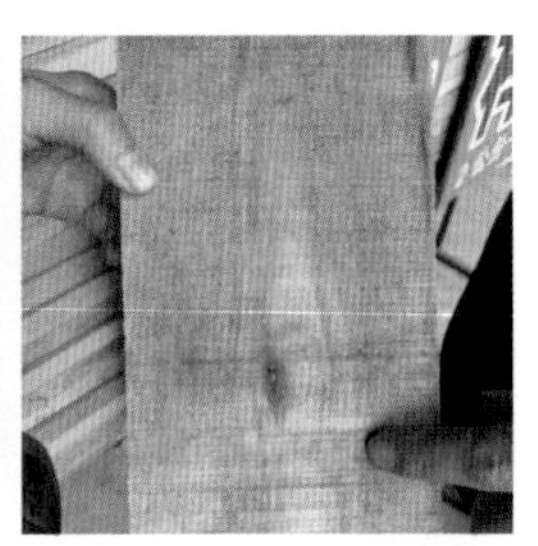

水曲柳板

水曲柳、柚木、胡桃木、楸木、桦木、榆木、香樟，还有名贵的檀木、花梨木、红木。那些不太贵重的板材曾经很容易找到，现在可谓难觅了。好在最后还是找到了不太贵的板材，据说，以前现场要多厚的板材都可以锯，现在需求不大，尺寸就很有限了。

木工师傅说十年间没遇到在家装里做这么多家具的。今天各种原因导致人们生活漂移不定，只好要求短暂、临时的解决方案。

在木材市场，见到不少水曲柳原木板子。李师傅说，这样的原木比较便宜。有一种加工方法，用毛竹做成长 40cm、直径 12cm 的竹销，把水曲柳板子一块一块并排加固起来，这种做法比较古老。风险是，原木的烘干不足，可能以后会变形，而且也很花费时间。

最终否定原木加工的做法，还是直接使用水曲柳指接板吧，不过可惜少了一次亲眼见识传统技术的机会。

宋人用材

笔记

[南宋] 龙泉长颈瓶

1. 今天我们也时常为宋代的器物赞叹，宋代也正是为美寻求价值、并体现在器物中的典范时期。在英国汉学家巴兹尔·格雷（Basil Gray）看来，“宋代的一般形象可以用一个词来概括，那就是暗含着理智主义的精雅风格”。从宋人笔记可以读到，百姓的生活水平比较高，有追求精致化的倾向。与此同时，也开始有一系列的禁奢侈令，涉及材料、样式、装饰、制作工艺等。士大夫关于美的焦虑，无外乎“物品形式审美问题在取得其独立性的同时，也产生了意义的空洞需要填充：当道德性不再成为物品形式的意义归属时，似乎还需要一些别的什么用来充盈物品形式的内在意义，……这一点实际上构成了宋人思索物品可能的审美意涵的一个深层问题，激励他们去从事多种多样的意义探求”[1]。司马光曾提出建议，即是“功致为上，华靡为下”，合乎古代成器观念的传统“备物致用”与“器以载道”。事实上，士大夫的参与，使器物在功能主义的基础上升华，并与本真的乡村生活联系起来，透

[宋] 吉州木叶斗笠盏 安思远旧藏

1. 徐飚．两宋物质文化引论．江苏美术出版社，2007：182.

出对大自然的依赖。于是，器物的“一端是对大自然的依赖，一端是本真的乡村生活内容，两者的结合构成一种浓郁的乡土味的设计”。[1]

在这本书里，作者提出，“我们不妨把北宋关于手工业材料的法令中蕴涵着的基本造物原则归结为以下三者：依天时，尽地利，约之以道德。”[2]

2. 宋代赵希皓的名句，“悦目初不在色，盈耳初不在声，摩挲钟鼎，亲见商周。”（《洞天清禄集》）这在当时并非横空出世之言，翻看宋人笔记，言及古物审美，皆认为器物之表象为轻，背后所蕴含古人之志为重；都试图通过拨开器物的表层色相，挖掘古仁人的伦理道德。宋代文艺之鼎盛所关注的要点，就是我们今天赏鉴古物所缺失的。

1. 徐飚.两宋物质文化引论.江苏美术出版社，2007：90.
2. 同上：155.

3. 瓷器是土与火的艺术，可是也有意外惊喜，例如木叶盏。其实把自然物融合进瓷器，并不是宋代的首创，唐代的时候已经有了用叶子作为间接的装饰材料：在器物施釉之前粘一片叶子，施釉过后晾干，轻轻剥去，露出叶子的剪影，器物烧成后就留下叶子的装饰。时间进展到宋，这项技术南传到江西，伟大的吉州工匠升华了这种美学意识。他们把经过陈腐的桑叶附着在盏的内部，再施釉烧制，便成就了树叶轻轻飘落在盏内的生动效果。瓷土经过淘炼，埏埴为器，入窑高温烧制，成就了瓷器之美，本就是自然与人工的结合，但缺乏点睛之笔，并不能彰显其合二为一的内在精神。吉州窑窑工用一片树叶，似龙睛一点，把瓷器内在的自然和人工关系显现出来，当之无愧是中国瓷器的里程碑式审美。看各式木叶茶盏，落叶纷纷，有安静端居盏中的，有斜贴碗壁似正在滑落的，有一阵秋风来树叶缓缓飘落正巧挂在盏口的。当茶汤饮用之后，盏内的这片木叶会被饮茶人细细欣赏。叶子脉络清晰，有的还似有虫洞，让饮茶人有会心的喜悦。

[宋] 木叶茶盏

2013 05

27

—

二楼夹层，角钢焊接不稳

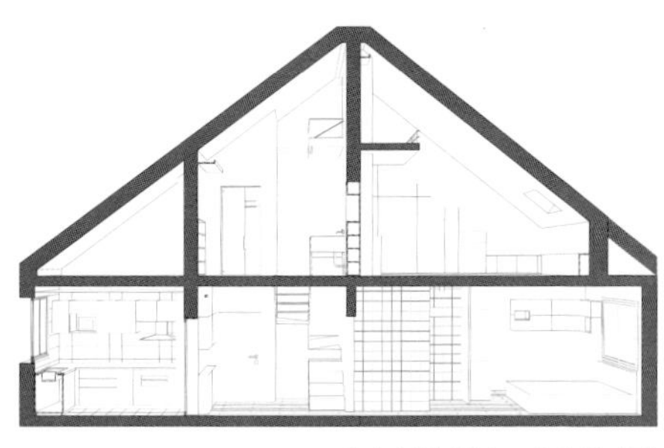

南向剖透视里工作室的感觉

单层角钢焊接的龙骨，抗弯度不够

单层变双层，抗弯度立刻发生变化

二层床板角钢焊了一圈，上去踩一踩，有些晃荡，李师傅原以为稳定性没问题，现在却束手无策。我们告诉他只要原样再做一层，和原来那层焊接在一起即可，等于加大梁的高度嘛！

2013 05

29

—

玻璃砖也到了

玻璃砖单层片不同透度比较

玻璃拐角砖，需要特制

玻璃单层片拐角，需要特制

玻璃砖到货，但发现加工的玻璃砖有部分切错的。我们要货的数量虽小，但加工量却不小，加工出错也在所难免吧。另外发现只有一层小橘皮的透明度比预计的要高，对于卫生间来说，隐私性差了点。之前咨询厂家老板，他信誓旦旦说隐私不成问题，还举若干实例证明。但今天现场感受隐私性不佳，可见不同的场地对隐私的尺度不同。他举例的都是面积比较大的卫生间，我们的卫生间面积狭小，私密性要求更高。可见不能仅仅依靠他人的经验，依据个案情况才好判断。

2013 05

30

水曲柳板到工地了

厨房壁柜

水曲柳板，硬度大于松木

紫檀小刨

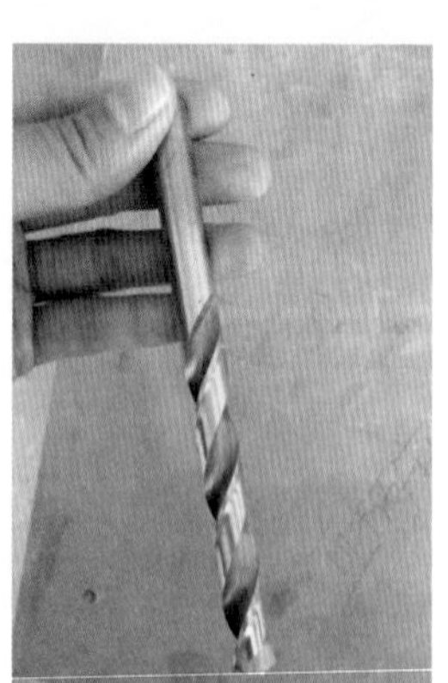

直柄麻花钻

直柄麻花钻，紫檀小刨，工具看上去十分精巧。今天厨房的剖面柜子上墙一试。

前两天定下新的板材选用水曲柳，工头拉了几块来。新板子和淡黄色的松木指接板并排站在一起，相得益彰，纹路好看，单纯质朴。不错，大家决定就用它了。厨房的两个剖面柜子也决定用水曲柳板来做。

松木指接板制作的柜式门

松木指接板的价格是 87 元每平方米（260 元一块），水曲柳指接板是 178 元每平方米（690 元一块），价格看上去真不便宜，但是最终算下来，和直接去家具店里买家具相差不多。但是一些大型量贩式家具店里，家具确实更便宜一些。木工李师傅说，如果是自己做家具，材料费和人工费基本一样。大型家具店里，一则批量生产，二则板材有可能选用的是杉木指接板或质量一般一些的，所以价格能够降下来。

山洞上墙，做异形的东西心里没底。上墙看一看，感觉一下现场的效果

书架下方的灯带完成

2013 06

01

—

一层定下水曲柳搁架，小阳台玻璃砖，二层的独卧山洞上墙

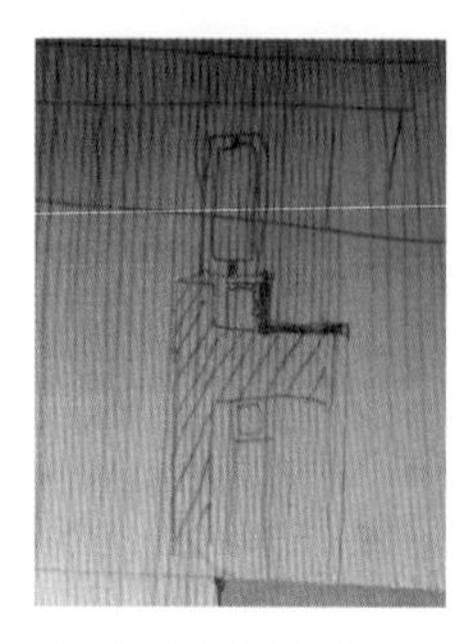

窗台砌筑玻璃砖的节点草图。外侧注意抹灰，内侧大理石窗台贴面的做法

一层小阳台定玻璃砖方案

一层东侧小阳台决定砌玻璃砖，大家在现场商量节点图，设计从最初满落地的高大上到向现实妥协，只从原有阳台板上沿砌起。选用小橘皮玻璃砖，并且依然按照每两皮砖做一根直径 6mm 的钢筋和墙固定。因为阳台洞口尺寸是旧有建筑已定的，我们只能因地制宜地设计。开窗尺寸相对比较自由，先安排玻璃砖，开窗用剩余的零碎尺寸。

书架完成之后

2013 06

02

—

独卧山涧座椅做好，尺度合适

考虑灯带和牢固

坐卧之处

完整上墙

涧下小憩

二楼与一楼的书架尺度分隔是一致的，但从一开始就希望把二楼的书架当做“一座山”去考虑，那么可以尝试在“山脚”里挖一个小小“山洞”，于山洞中体验书山下的感觉。坐卧之余，还可在这小空间下放几个花瓶，几个小小收藏品。那么灯光就藏在垂下的“悬崖”里。藏灯需要空间，所以这一圈需要全部封板，也做背板，又起到支撑和加固的作用。

做灯，如果用串灯，灯槽不易隐藏，位置也会靠后。于是选用小射灯，一共安排八个。设想在灯下，可以坐下，把玩小物件。区别于正襟危坐，别有一番乐趣。

“山涧”下的柜子，考虑做成独立的、带轮子的。门板则不应做成外盖板，为避免坐卧时碰开门板、夹到身体。这也是在前一组柜子得到的教训，这一处设计形式不应太夸张，要耐看，但其中意趣却绝不能简陋。

异形橱柜之一

异形橱柜之二

2013 06

03

一层厨房柜子试着上墙

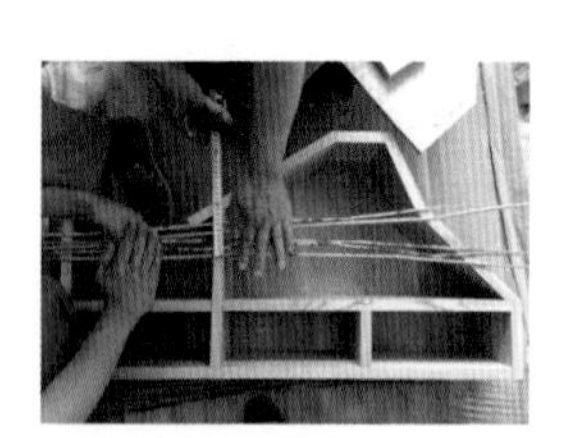

一丝不苟地计划如何做湘妃竹的小架子

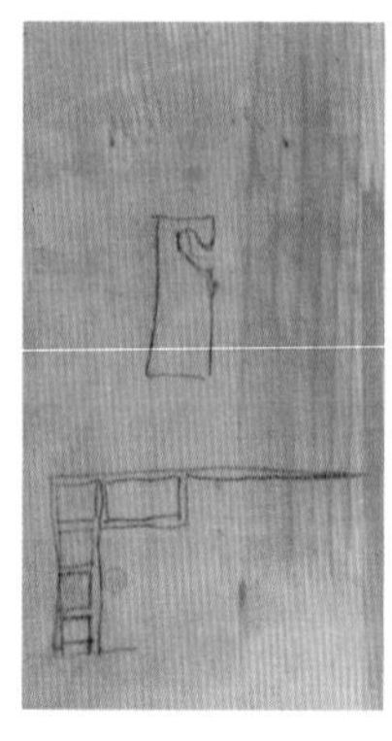

二层工作室写字台现场设计，柜子内可以配成品挂衣杆

绝非故意扰民，只是精炼未来

今天周一，动静大的工作又可以继续做了。电锤、电钻不能在周六周日和平时下班之后使用。我们又向工人转述了一遍，李师傅很严肃地说，我们从来都做到了。

装修从来都是大事，新楼还好，大家一起制造噪音，老楼已有 60% 的居民入住，再装修只能像我们这样，一边做，一边抱歉。

工作室的现场急智

二层工作室正在做桌面，现场看，桌面形式和功能都单薄，计划增加小格架和抽屉。旁边的衣柜里衣架就用现成衣架挂钩。

异形橱柜上墙

藤条架

藤皮编制的沥水架

湘妃竹的沥水架

“一粒迷楼”上墙

今天，可称之为“一粒迷楼”的两个剖面柜子上墙，这两个橱柜是偶得，既然是搁架，那么为什么不用现成的剖面来做呢。

虽然形式来源有理由，但还是希望这不是一个无厘头的设计。美好的概念，浪漫的设想，还是要经过现实的熔炉。根据使用尺寸调整两个剖面，“拆墙”，“打通楼板”来放松紧张的架子。再掺入别种材料：左侧的这一粒，用小湘妃竹，最小最细、不截断枝头的那些做“层板”，并出挑。用藤皮编成待放小花盆的小花架。右侧的一粒，用直径 2.8mm 的白色藤芯穿成琴弦，三层，可以放些轻巧的东西，比如几个刚洗完要晾一下的青椒西红柿，或是小酒杯，或是一块姜，一把蒜…… 搁架的想象力是撵不上生活的丰富的，就原谅形状怪诞吧。

李师傅的手艺，我们向来佩服。编藤皮这一部分略欠精致，可能是缺少工具。暂且如此，希望以后有机会再改。

2013 06

05

厕所玻璃砖已经砌筑了两皮

厕所玻璃砖砌得很慢，一天只能砌两皮。今天上午来看第三皮，做得很规矩，用红外水平仪打出水平，绷好线，保证每一层玻璃砖砌平。为保证稳定度，每砌筑两皮，就要横向埋一条钢筋。钢筋两端与水泥墙拉结。

绷好线

玻璃砖从地板砌起

保证每层玻璃砖砌平

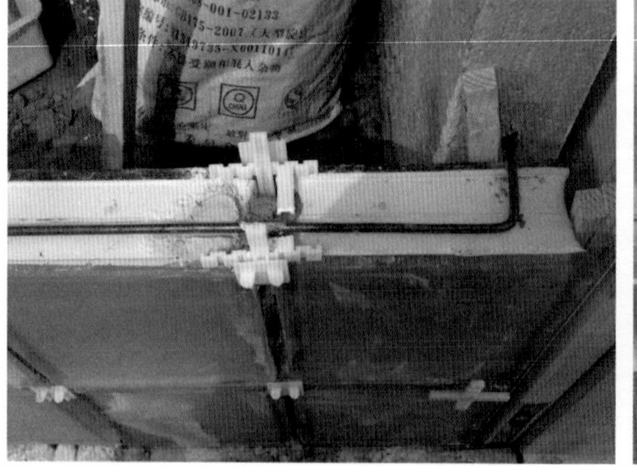

玻璃砖每砌两皮，埋一根钢筋

门框的玻璃砖贴面

2013 06

07

阳台玻璃砖外抹灰

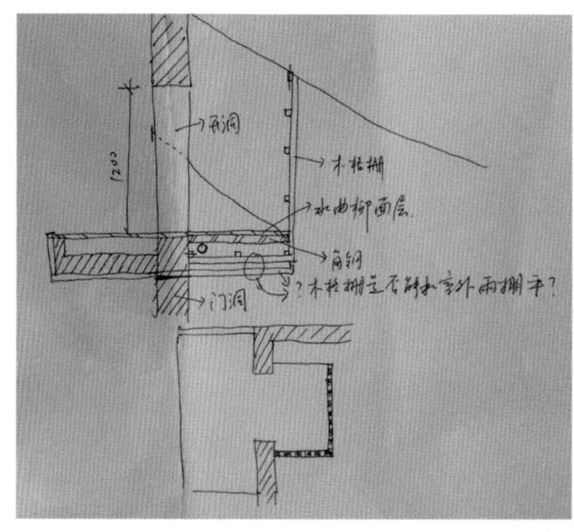

计划木格栅小屋

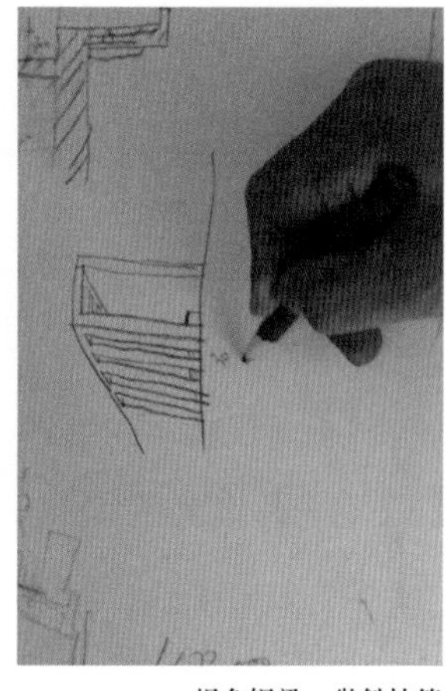

焊角钢梁，做斜拉筋

焊角钢梁，做斜拉筋

小工作室焊好两层角钢梁

阳台外皮抹灰危险

阳台外部的抹灰皮年久失修，眼看着就要裂缝掉下去，很危险，商量决定做加固的角钢卡住抹灰层。有些物业不太负责，又没有业主委员会，业主们也毫无办法。今天，加固角钢已经做好，让人遗憾的是，原本该先做加固角钢再做保温，尺寸局促的阳台可以利用得再经济一些。

外墙玻璃砖最要注意的就是防水问题。玻璃砖非一般砖砌墙体，对于垂直下流的雨水，厚度可以避免墙体漏水。所以我们的工人师傅用耐候胶在外部勾了缝，在最下皮玻璃砖和墙体交接处满涂胶，用抹灰做出倾斜的坡度，及时排水。

楼梯水曲柳板试做。二层两处悬挑板做斜拉筋。

玻璃砖顶部钢架与楼板固定

砌筑玻璃砖墙留在缝隙里的小卡子

玻璃砖墙勾缝的云石胶

准备订推拉折叠门

2013 06

08

顶部玻璃砖异形尺寸定下

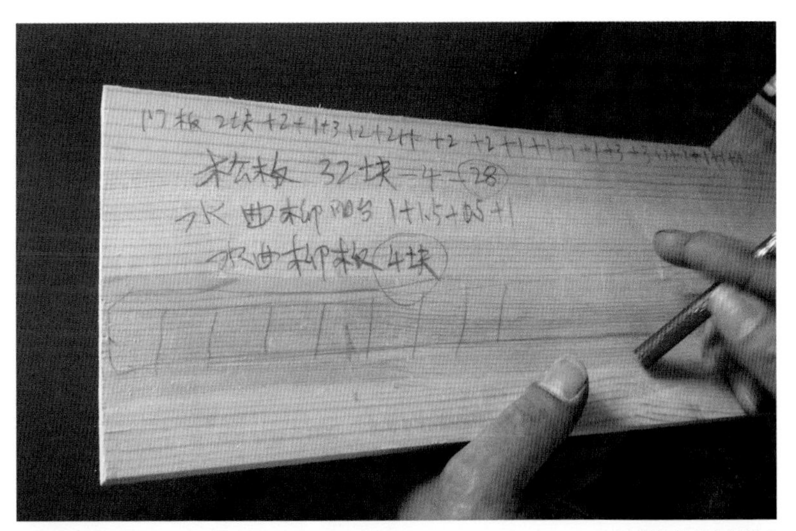

新统计的木板数量

卫生间玻璃砖接近顶部，可以定下和梁交接处的几块异形尺寸了。

准备订推拉折叠玻璃门

二层客厅与阳台之间需要一扇推拉折叠门。这段时间木头用多了，胆子不禁大起来，可否自己用木材做门呢？商量之后，觉得指接木的强度无法保证这么大的尺寸，那样就需要买实木方，中间嵌固玻璃门。

二层瓦池做地漏，做垫层。

加工的转角玻璃砖角度不一致

加工的玻璃砖切面有玻璃碴子

2013 06

12

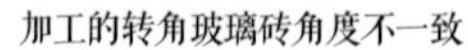

二层砖开洞快开好了；玻璃砖出岔子

玻璃砖切面良莠不齐，但砌筑玻璃砖的瓦工很认真。认真的瓦工砌筑出转角玻璃砖，发现并不垂直，原因是玻璃砖切割并加工成 90° 角之后，有角度的误差。此外，两块 45° 角粘合的截面里，还有许多像气泡一样的玻璃碴子。从迎光面看，尤其明显。

电工林师傅技近乎道的开洞

为洞口增加角钢过梁

栏杆考虑和未来包板之后的完成面齐平

技近乎道

今天楼上木格栅的窗洞已经凿开，工人从一侧取砖，居然掏空红砖，另外一侧墙面只剩下一张薄薄的“红砖墙皮”。这样做是为了避免碎渣飞到室内砸坏已经做好的书架。真佩服这位兼职凿开洞口的电工，有些“技进乎道”的意思。工地里各项事务彼此牵制也可见一斑。

竹楼的决定

前些天，我们为那个小小的悬挑室想了许多可能。最后想设计上若有轻盈之盼，不妨做一个小小竹楼，就用绑扎节点，竹子用1cm直径的，但被否定。随后决定用指接板加工成的木格栅来做——曾经用过，随处可见，形式上整肃——我虽然觉得这是差一些的想法，但是从实施到变成现实效果，把握确实大一些。

双层钢架焊成的悬挑阳台

2013 06

13

青色楠竹片和风钩到了

楠竹便宜也耐用，今天收到楠竹，已稍微有些发霉。青色很让人喜欢，可惜时间一久就要褪色，先变黄，再变红，就像记忆里夏天竹席那种发亮的红色。小楠竹片做小板凳，也是在工地里一点点发酵出来的想法。风钩解决外盖板的想法也是。其实，各种零件都不陌生，我们的任务是让它们各就各位，适得其所。

在灯市场上找合适二楼坡屋顶下方出挑灯带使用的能调节的射灯，能自由调整角度。买到之后，就根据这种射灯来设计灯带的尺寸。

青色楠竹片

大概是一个小凳子的凳面大小

排竹片

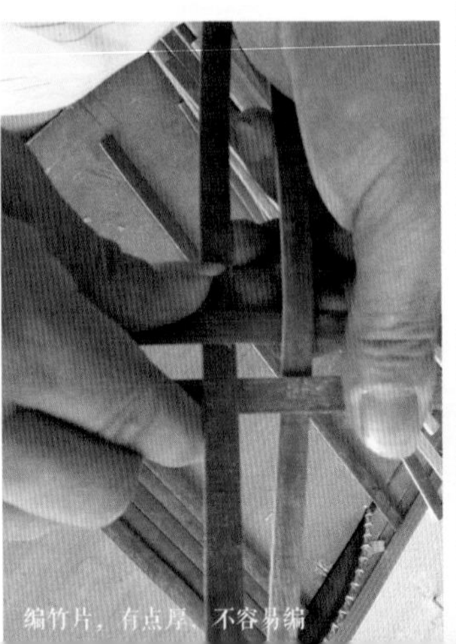

编竹片，有点厚，不容易编

风钩

2013 06

16

—

地暖难改

今天讨论能否把二层阳台改为水地暖或电地暖。做电地暖的话，需要再单独走一根电线到电箱里。做水地暖的话，需要盘管，重量会增大很多，老房子未必能吃得消。

厨卫吊顶方案

此外，吊顶方案定下来。厨房用铝塑板集成块吊顶，容易清理，质感上，也和地面、墙面的哑光面瓷砖感觉一致。卫生间的吊顶决定用 1.2cm 厚的防水石膏板。集成块吊顶的尺寸与玻璃砖和大理石尺寸不同，担心会乱，所以放弃。

一层阳台玻璃砖已砌好，靠近原先外墙的部分补砌了一皮砖。瓦工修补了二层工作室与阳台之间的门洞口。

TIPS 地暖

楼房的水暖改地暖。需要注意：

1. 水地暖是靠水盘管发热，如果是老楼房集中供暖，暖气管上下串联，改水暖会很大影响到其他住户的室内温度，不应该改。如果是分户控制，也要考虑给楼板增加承重的问题。此外，水盘管需要后续保养和清洗。

2. 电地暖是靠发热电缆，铺设在各种地板、瓷砖、大理石下。如果铺设电地暖，需要铺设电暖盘管、保护层，地面厚度增加，会影响室内空间的高度。相比水地暖，电地暖节省 2cm 的空间高度。

总体来说，地暖都要比传统散热片舒适，也不会出现散热片上方出现灰尘团、让墙和天花变黑的现象。

一层东侧小阳台，玻璃砖砌筑后还留一条缝，用红砖补砌。和原先的红砖墙、马牙槎辉映。玻璃砖不愧为质朴的建筑材料。

2013 06

17

厕所再计划；开出合页的第二次清单

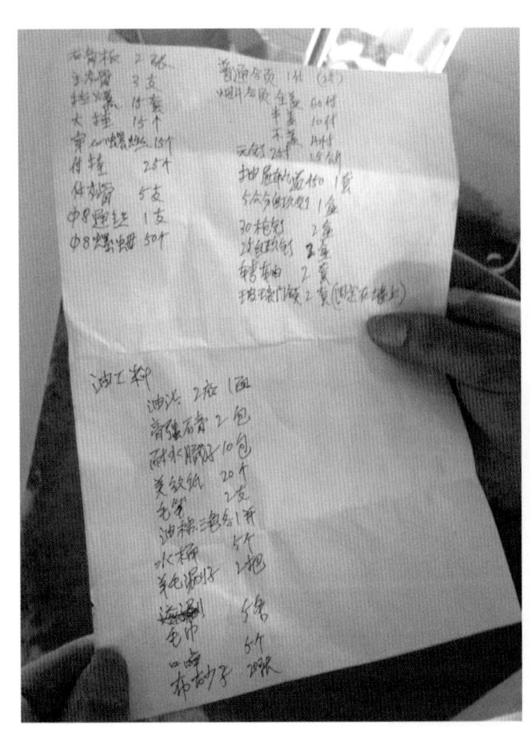

清单

工头建议用一段固定扇，但这样门洞口更小了

现场比划平开门和推拉门撞在一起的可能性，这个方案是可行的

现场比画三合一厕所开门

卫生间的平面推敲很久，重点就在于，究竟怎样才能实现三人同时使用。入口门应该是可以外开、可以内开的转轴门，蹲位侧面的小门拉开后，应该正好可以在入口门打开的弧线上，这样两扇门就能碰撞闭合。浴室门用通常做法就可以了。

这些设想，怎么落在现实里呢？在工地里，回答永远是：试试看。

工头用木板充当门板，在卫生间里比画试试，两个玻璃门能否撞在一起。现在玻璃砖已砌好，入口的洞口尺寸也已定下来，要计划洞口尺寸怎样划分为两扇玻璃门。如果外门做 600mm，打开后剩 550mm，人可以侧进；如果门做 800mm，和另一扇门撞上之后，人还可以侧进。最后确定，外门用平开门，蹲位用推拉门，基本完成要求。

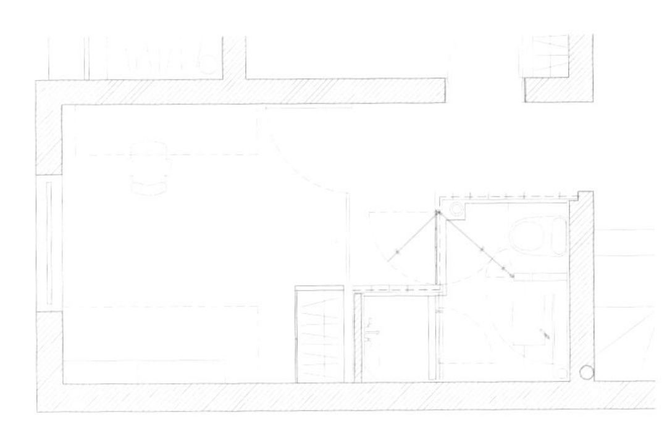

原计划的卫生间门，平开门撞平开门

现场实验之后定下的卫生间门，平开门撞推拉门

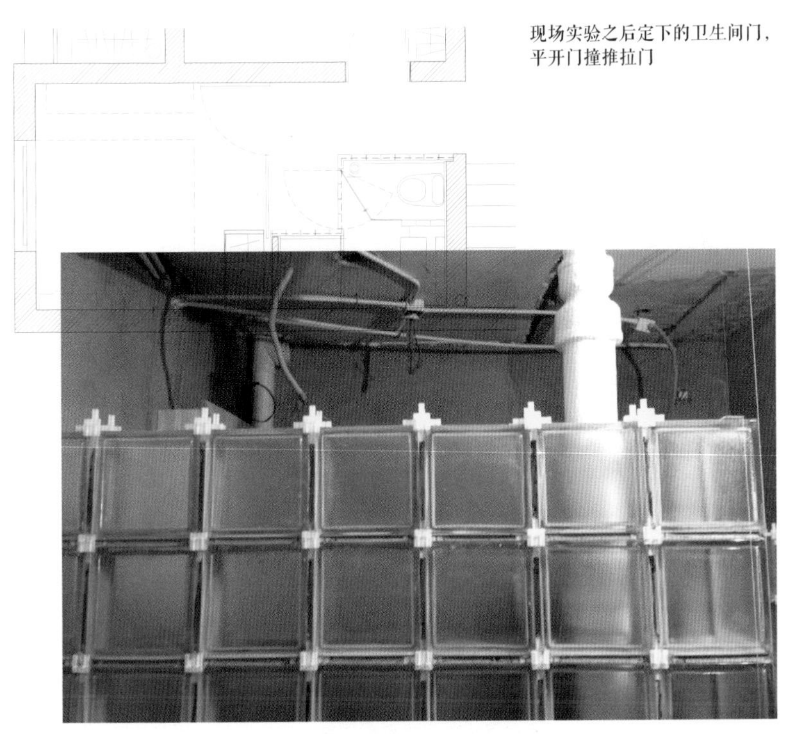

铸铁的下水管道，能露出的刷白，藏在吊顶里的不做处理。这是工地里的实用主义，似乎无可厚非

马桶进深是700mm，浴室的门打开后会和马桶碰，决定在马桶边沿上贴一个垫子，减缓冲击力。因为门会比地面高很多，所以如果在地面上做门挡，也会高出很多，不合适，这样就取消地面上的门挡。

入口玻璃门转轴合页，市面上卖的一般都有地弹簧，会自动关闭。我们需要的恰是不能自动关闭，而且可以随意角度开合的转轴合页，还需要拜托工头再找找。

原先遗留的暖气管已经刷成白色。

玻璃砖又加工错了，反了，做纸板模型

玻璃砖加工反了，拍照片给厂家看

需等玻璃砖都加工好，才能继续

TIPS 返工

工地里麻烦之一，便是遇到返工，耗费时间、金钱、工人的耐心。
一种情况是，现场工人做的不够好、失误或是甲方或设计师有了新的修改想法；另一种是外订产品，送来之后发现种种原因不能使用。如果是前者，做错需改，如果没有做错，而是有了新的想法，重要的是请甲方确认，可否为了追求更好的效果，重新再做。如果是后一种情况，一定要保留好初始的订货图纸尺寸和要求，找到订货产品和现场不能对应的地方，找到错误的原因，再看返工的程度。
返工虽然困难，但是对效果心里有数，坚持要求，还是非常重要。

2013 06

18

玻璃砖又加工错了

玻璃砖又加工错了，电话沟通，厂家要求我们一定要做出模型来。而类似的特殊尺寸玻璃砖，都应当面验货。我们开始做模型，让厂家照葫芦画瓢。

太阳能在楼梯间里的走管今天抹灰，二层阳台地面做找平，推拉折叠门厂家来送几块型材，价格和型材的质量对比，贵得有点超乎想象。

冰箱柜上方的板高、冰箱柜的深度都是需要现场斟酌的，请李师傅做模特，看看尺度合适否

冰箱柜做好，不影响冰箱散热，也方便两侧储藏

冰箱柜在厨房
和小阳台之间

玻璃砖里渗进蓝天

2013 06

19

擦拭玻璃砖，阳台的玻璃砖已成形，很好看

擦拭玻璃砖

今天，几位同是老乡的瓦工和电工中午一起吃饭。煮了一锅白菜肉丸汤，吃自己早晨在家做好的盒饭，看上去真不错。很佩服，再忙也要认真做饭，认真地按部就班，事情多半能做好。

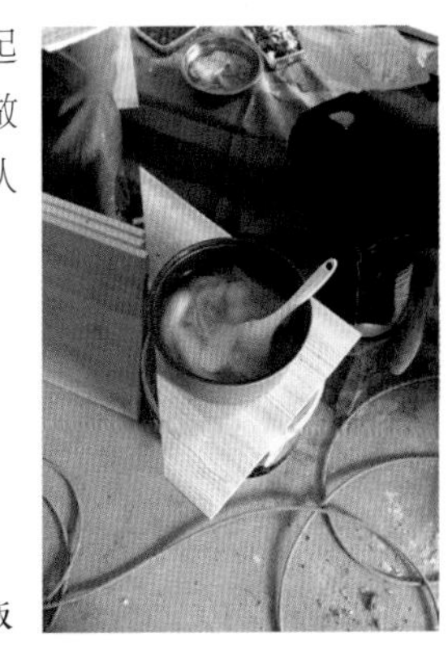

工地日常午饭

2013 06

20

—

阳台开始做榻；
二楼商量做木格栅包裹阁楼

一楼客厅原转角阳台

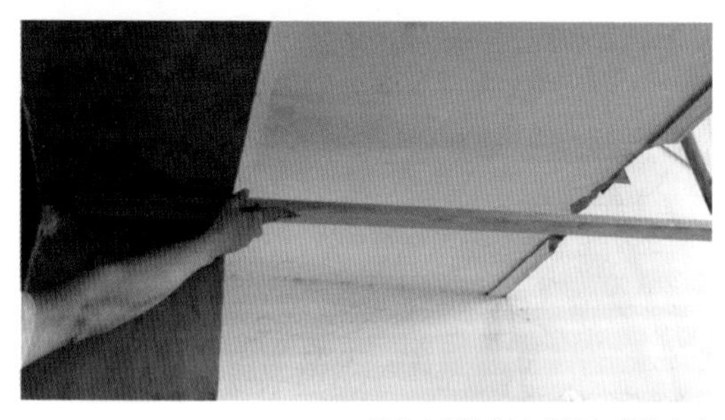

用长木板比划木格栅包裹的方式

楼上悬挂在坡屋顶下的两个小阁楼的材料和做法，我们还在反复琢磨和犹豫不决。该目的是以小见大，在室内悬挂小阁楼，可以攀爬到达，让屋顶又有了触及的可能，这空间就能因此变得亲切。作为茶室的二楼室内因此具有了一些室外感。关于竹楼，著名的《黄冈竹楼记》是典范。竹子是和自然、人文都贴切的材料，人们借由敏锐的竹子，可以感受到温度、风、雨、声音的细微变化。从一开始便考虑这从阳台出挑而来的小阁楼该用竹子包裹。后来种种原因选用了木格栅——一种在寻常的眼光看来，既规矩又不会出错的材料，大概会一直遗憾下去吧。

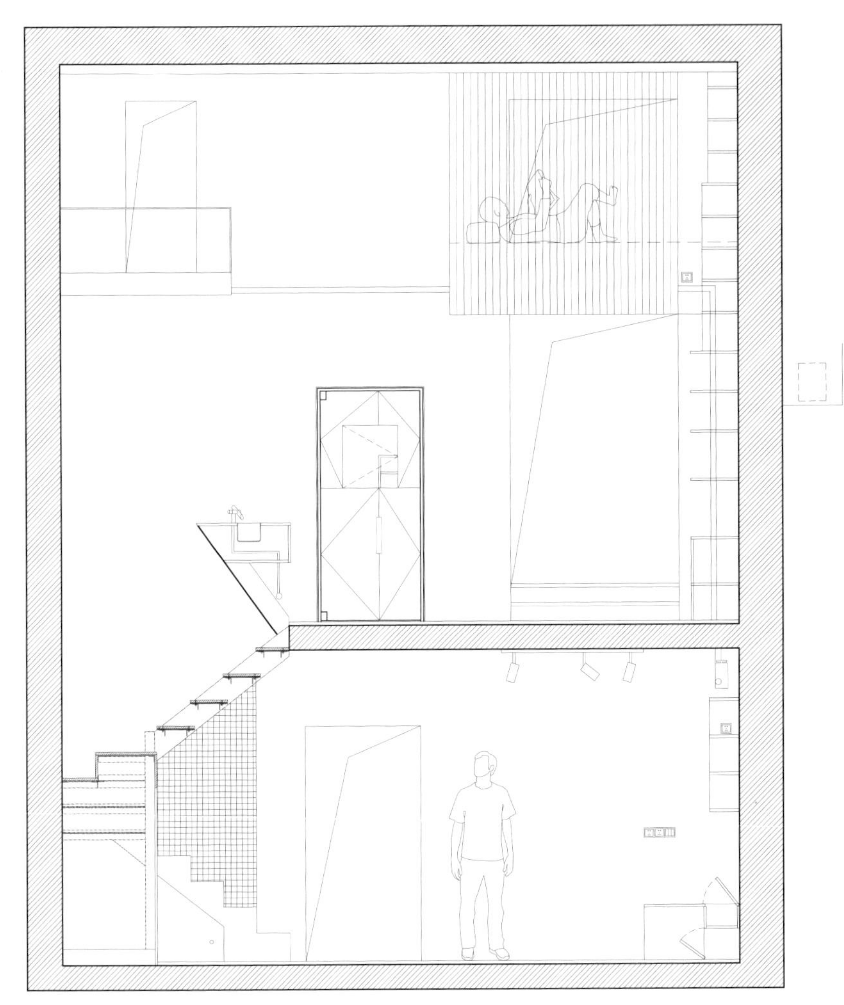
西向整体剖面

二楼做木格栅包裹出挑板

半块玻璃砖贴面

2013 06

21

玻璃砖贴面节点

半块玻璃砖贴面如何固定在钢梁上呢？

我们对施工队做出的玻璃砖勾缝线非常不满意：无论是玻璃砖的缝隙还是厨房瓷砖的缝隙，都非常不平整，发现原来他们只是用手指勾缝！好看的凹缝必须是线条内凹一致且直平，才能衬托玻璃砖和瓷砖的轮廓。今天看他们换了工具，勾缝玻璃砖的工具换成木条加砂纸，勾缝瓷砖的工具换成更小的木条。工欲善其事，必先利其器嘛。

二层阳台做底柜，垫上了2cm厚的水曲柳板子。

新换的厨房瓷砖勾凹缝工具

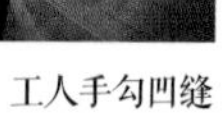

工人手勾凹缝

厨房瓷砖勾缝不均匀，我们要求返工　　　返工后厨房瓷砖墙勾出了合格的凹缝

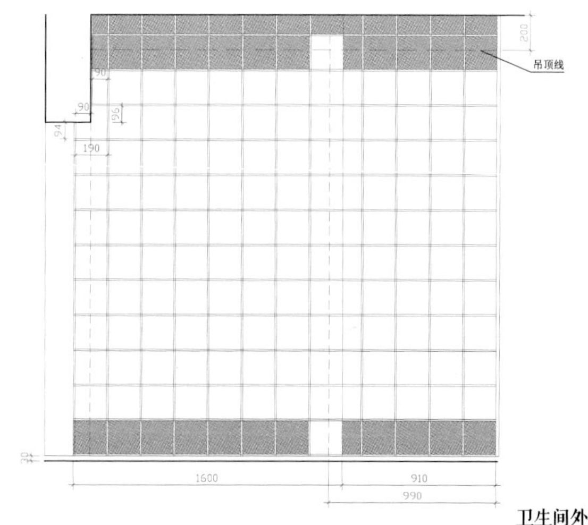

卫生间外侧西立面图

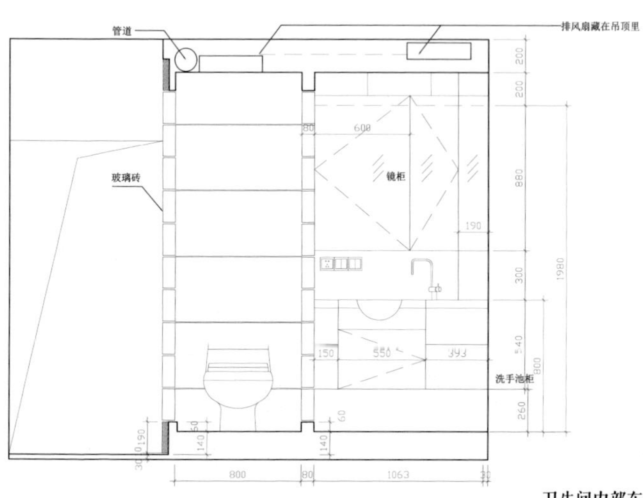

卫生间内部东立面图

2013 06

22

玻璃砖已清理干净，卫生间有点过于透明

要相信自己实地的感觉，不能轻易相信他人的经验。事实证明玻璃砖在这么小的卫生间条件下，小橘皮、甚至是单层磨砂的玻璃砖，还是有点透明。来客人上卫生间和洗澡都还是会有点问题的，幸亏业主家不常有客人。

想起当时玻璃砖厂家拍胸脯的保证，所有家装卫生间都是用的这种透明度的玻璃砖，后悔不迭。

从小卧室看卫生间

2013 06

23

卫生间的难事

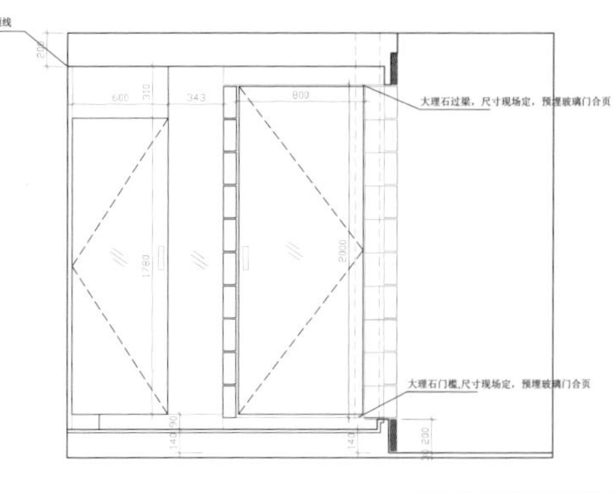

淋浴头安装位置与热水器错开

卫生间内部西立面图

玻璃砖厕所最难做的部分就是门。原先打算在上部过梁上粘贴大理石的想法也放弃了，大理石太重，掉下来就麻烦了，决定就用防水石膏板来做。过梁的部分，也贴半块玻璃砖，和卫生间外表皮协调。今天定下两扇门的尺寸，入口门和洞口同宽，做 800mm；蹲位一侧的推拉门做 410mm。

商量门口过梁用大理石还是用石膏板

石膏板做好

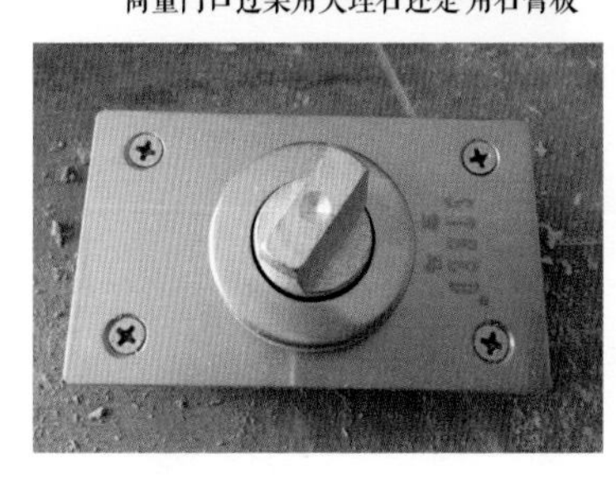

玻璃门合页

厕所外门由去掉地弹簧的平开门合页来安装，里面小扇的推拉门用吊轨解决。两扇门之间，原计划用磁性胶条撞上，但角度不满足 90° 。硬伤是，入口门和蹲位门撞上后，还是会从门外转轴一侧漏一条缝隙。幸好多人使用时也只有自家人用，急用时，可以满足自家人同时使用。

厕所开始吊顶，要包住原铸铁下水管道，包住角钢梁，做出入口门的过梁。

2013 06

26

—

卫生间拐角的玻璃砖

凿掉和玻璃砖紧贴的水泥

带来良好采光的玻璃砖

厕所防水石膏板吊顶已完成

为了保证玻璃砖的完整，和墙交接的地方剃掉了墙的一部分，形成了一处 L 形的凹陷。因为厚度很薄，从玻璃砖墙外面能比较清晰地看到这个凹处的样子。原先计划填上白色水泥是错误的决定，因为白水泥看起来是灰色的，显得太粗糙了，所以只有重新凿掉这些混凝土，然后再刷白漆，最后再做大理石把这一部分封在里面。

厕所吊顶完成，已粉刷了底漆。

木格栅阁楼看上去还不错。光线透过木格栅渗进茶室里，被规划过的光线比散漫的光线显得安静一些。不过，我还是有些遗憾没有用竹子做。那样，这个体量就真正的消解了，能有些自然的声音，高悬在上，大概看着就清凉悠远。

木格栅阁楼是一道风景

2013 06

29

—

小卧室床头立柜；东阳台小格子收纳规划；一层小卧室榻下抽屉轨道

小卧室的床头凹陷在衣柜里，为了避免躺下后逼仄，就势在衣柜书架下方开一个凹进，空出一块床头柜，可以放些随手的杂物。床榻面的水曲柳板材顺势延伸至这个凹陷内，为这个凹陷“包边”，完成和松木的材质交接。从侧面看，水曲柳板的拼接该做 45° 拼角，让水曲柳板延伸的感觉更顺畅更精致一些。

挨着床头一侧的柜子做成敞开的书架，层架上可以放书。好书留着，自己在被窝偷偷乐，也避免从正面看到觉得乱。

今天解决了两件事：其一，讨论东阳台上木格架收纳的尺度问题，是否与玻璃砖分缝对齐？确定让开窗户下部尺寸，其余与玻璃砖的细分缝对齐；其二，层板格架深入冰箱侧面，是否占满这一空隙？经过一番比画，发现侧面大理石窗台延伸进去就可以，层板停止在冰箱外侧。这样，剩余的一点空间，还可以翻开榻板，在榻下储藏东西。

小卧室开始规划床榻，考虑是否把推拉隔扇门的门框也做出凹一道的分隔。

用水曲柳板材的一大优点是强度大，小卧室榻的跨度可以放大到 70cm 一跨，下部做纵向搁板以及放衣物的大抽屉，尺度才正合适。如果是之前单一的松木板，恐怕抽屉的尺度要缩小了。为了让整个榻显得简洁，我们只在一块床榻板子上安置“抠手”，用暗的门闩方法解决整个翻板的开启问题。

阴角工具长得伶牙俐齿。

阴角工具

在墙上放线做床头柜的规划

床柜骨架

2013 07

01

—

小卧室抽屉都已装上，吊顶铝扣板已买回，玻璃胶也买回

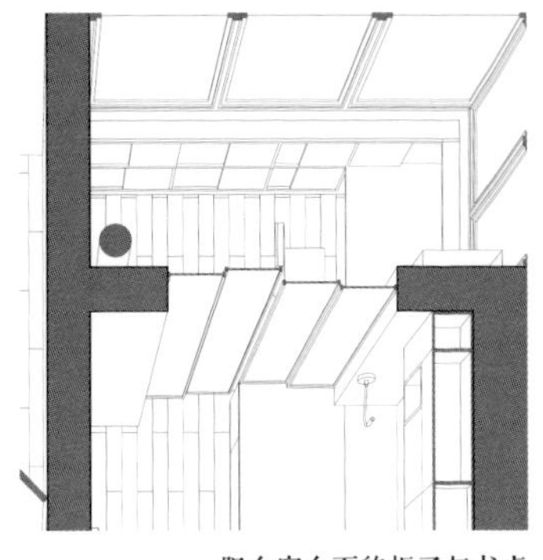

阳台窗台下的柜子与书桌

尽管阳台只有 1.2m 的进深，像是个剩余空间，但如果在北侧做个桌子，读书，写字，特别是右手写字，左侧光可以不受遮挡地洒满书页。一抬头，可以透过建筑看到天空。桌子和窗台之间空隙尺度合宜，正好可以用作小书架。

小卧室阳台柜子分隔已做好

小卧室墙上的柜子

二层工作室桌子下增加小抽屉

半成品

小卧室的大抽屉

柜子均已做好。现在想来，最初我们担心家居设计程式化，创造性仿佛无插针之处，都是杞人忧天。真正称得上创造力的东西，不就是点化日常的能力吗？

几个大抽屉刚装了阻尼滑轨，箱体已成，外面板还没装，未完工，质朴状态也让人感动。哎，是否有可能，在从草图到光鲜亮丽的中途截断，呈现出虽然不完备，但也质朴可用的本真状态呢。

小卧室床头柜和抽屉

细看湘妃竹格栅

用钳子把湘妃竹嵌进孔里，钳掉一些竹皮花纹，看着还是蛮

阳光透过两层湘妃竹格栅门

这个场景印象犹深，做竹子隔扇门的时候，师傅像在弹竖琴。

2013 07

04

小卧室的湘妃竹隔扇门已做好

材料一一进入小房子，给我们的感觉是焕然一旧，而不是焕然一新。

似乎某些材料本身就携带着时间。装门的时候，正是下午三点多，阳光从西边窗子晒进来，李师傅扶着一扇竹子格栅门，像握着一把竖琴。湘妃竹的斑点细腻又好看。

茶室的灯，方便调节角度，一定要温馨

灯和开关要仔细规划。今天去一个灯饰店里，和甲方、店员一起把方案具体定下来。灯的色温最影响室内照明效果。3000k 最接近太阳光，6000k 过于白，主要区域还是选择 3000k 的吧。

今天计划用麻绳或棉绳缠二层阳台上的台阶旁扶手。和李师傅讨论，麻绳其实不如棉绳好，麻绳时间久了会自动老化，不吸水；棉绳就不会自动老化，而且吸水，缠好的棉绳要清洁的话，也可以直接在门把上打一打肥皂，洗一洗。麻绳就难清理了。而且，棉绳的手感也好很多。

直径 3.5cm 的钢管做扶手

棉绳

侧面和顶框交接

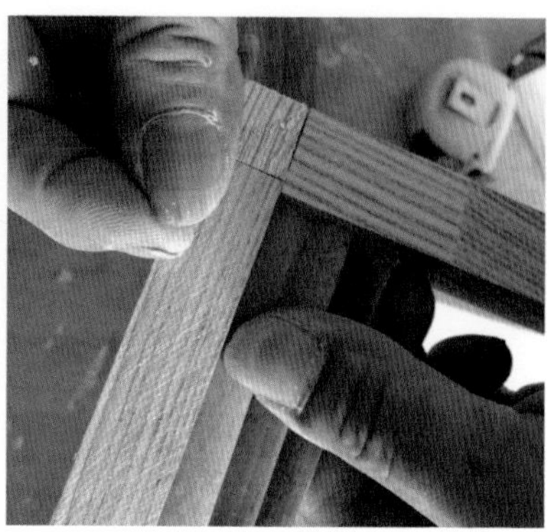

在插槽里试排竹片

2013 07

05

—

笨笨的小凳子

小凳子上面的方框和插槽

小凳子的一个侧面是能打开的门

竹片强度 不够，下部还需加木梁

做小凳子，出于对传统木作的敬意，我们希望是完全榫卯的，又希望有点拙，有点可爱。于是让下部支撑的榫卯头上到凳子面上，显现细节的美。第一个小凳子真是粗糙，因为对材料不了解：竹片原本编织来做凳面，发现楠竹片有厚有薄，小尺度编织行不通。只有在上层框子做插槽，把楠竹片一个个排进去。但是插槽的竹片没有强度，下部还要垫上一根水曲柳的横梁。因此，避免不了还是得用钉子。为了好拿，小凳子侧面设计了两个扣槽，也可以顺便当作打开小凳子的扣槽。

实验制作第一个凳子

试装轮子

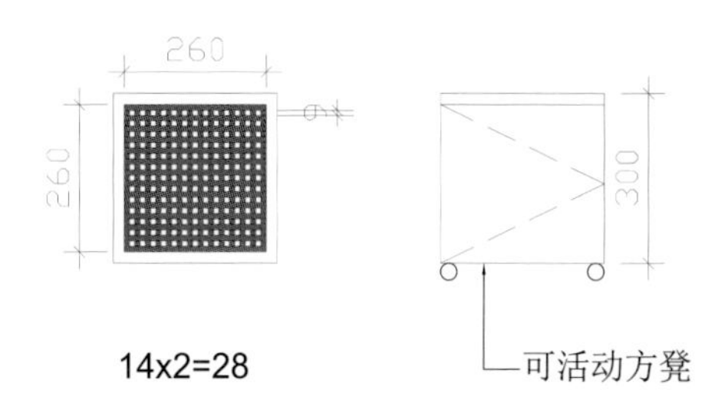

2013 07

07

阳台玻璃砖下方的柜子已做好

茶室的小柜子对齐玻璃砖

一层阳台玻璃砖下的柜子已经做好，对齐玻璃砖是一个好主意，并不琐碎。事实上，搁置杂物的小架子，尺度再小，也都可以派上用场。

这一处茶室的灯，设想也该在梁下，可以调节，让小小茶间里的氛围温馨。但洞口梁低，这里的灯一定小心不能碰头！

厨房买回两个灯，3000k 和 6000k，试试看哪个色温合适

灯的色温

买了两种厨房灯，一种色温 3000K，一种色温 6000K，后者太白，前者是暖光。拿到厨房里试一下。师傅帮着把两种灯都接上，我们发现，因为白瓷砖做背景，如果还用太亮的白光，会显得过于冷，而在色温 3000K 的光线下，水曲柳柜子的颜色还是像太阳光下的木头颜色一样，还是用暖黄光比较好。

2013 07

08

试灯；楼梯的钢板已经买回；新瓦也已经买回

新的瓦比原来的瓦小一半

小青瓦登场

新买的小青瓦非常漂亮，大概 10 公分见方。看来李师傅也喜欢这样的小青瓦，回顾了一下在江苏老家盖房子，这些瓦是怎么卧的。只要采用瓦铺屋面，瓦屋面之间又有缝隙，就会有蛇或麻雀、老鼠在洞里做窝。不是挺生态么？我们好喜欢。

聊起铺砌瓦的方式

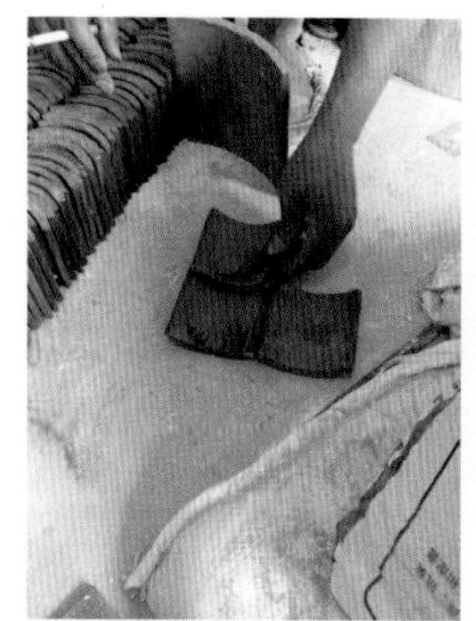

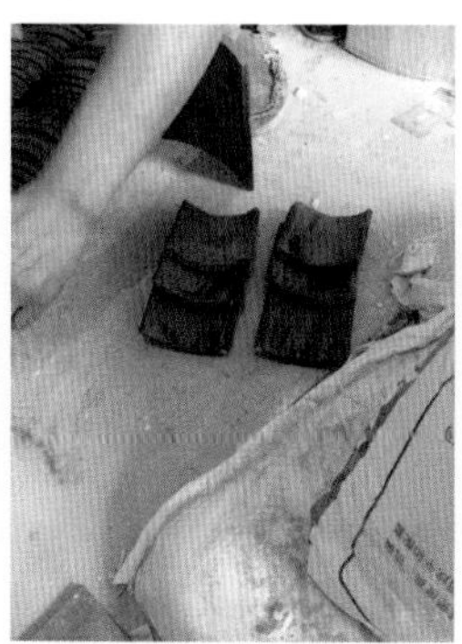

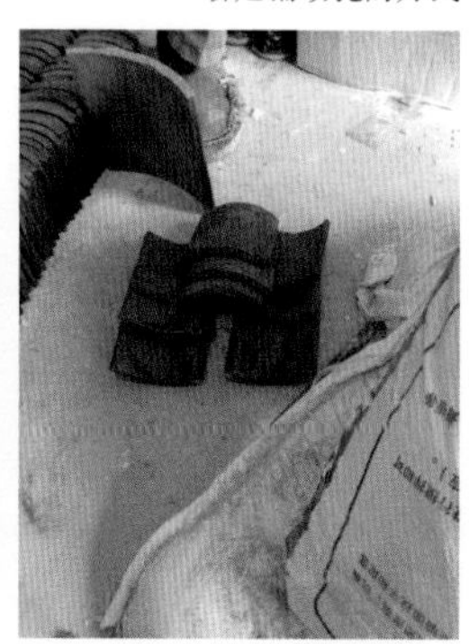

诗意笔记

閒夜酒醒　皮日休

醒來山月高孤枕羣書裏酒渴漫思茶山童呼不起

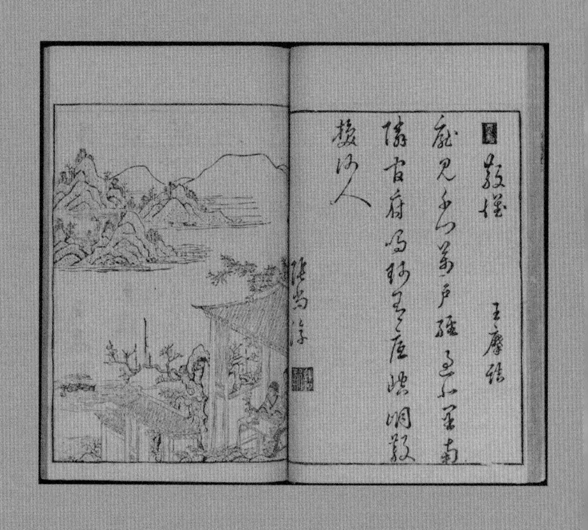

1. 作为建筑师，我们常用“诗意”来描述建筑，多是作为形容词，甚或几近玄学，但应该怎样去理解“诗意”呢？怎样才能把作诗法带入建筑学，尤其是关涉意境的创造中呢？

在《唐诗三论：诗歌的结构主义批评》[1]一书里，作者引用语言学家与诗歌批评家罗曼·雅各布森的话来解释近体诗的奥妙——“诗的作用是把对等原则从选择过程带入组合过程”，这是诗的重要构成原则。也恰好可以与“反对者，理殊趣合者也；正对者，事异义同者也”[2]一并来解释自六朝开始，诗中“对等原则”的运用。“对等原则”可以理解为我们在诗文上下联读到的对应关系。但手法的运用并不是目的，最终的目的是“在抒情诗中，对等原则所体现的物我同一起着绝对的支配作用。……运用对等原则的抒情诗代表了向天真、纯洁、和谐的复归，即使我们已明明知道世界是分裂的，我们仍然不时地渴望回到那个万物合一的理想世界，它曾是人类儿童时期的唯一世界。”

譬如，“明月松间照，清泉石上流”“泉声咽危石，日色冷青松”“绽衣秋日里，沉钵古松间”。组织物象，回到万物合一，便是诗意了。

2. 在《唐诗三论》这本书中，提到中国古诗和西方诗的侧重点不同。

“英语诗中指代词的运用起着罗列对象细节的作用；而在近体诗中——常常限定在最后一联——仅仅引出绝对时空与相对时空的对比。”[3]

“由于数、时态、定冠词和不定冠词、支配关系和一致关系，以及形形色色罗列细节的结构，英语自然倾向于具体对象。……相反，汉语是一种指

1. 高友工，梅祖麟．唐诗三论：诗歌的结构主义批评．商务印书馆．2013.
2. 南朝刘勰，《文心雕龙》
3. 高友工，梅祖麟．唐诗三论：诗歌的结构主义批评．商务印书馆．2013：88.

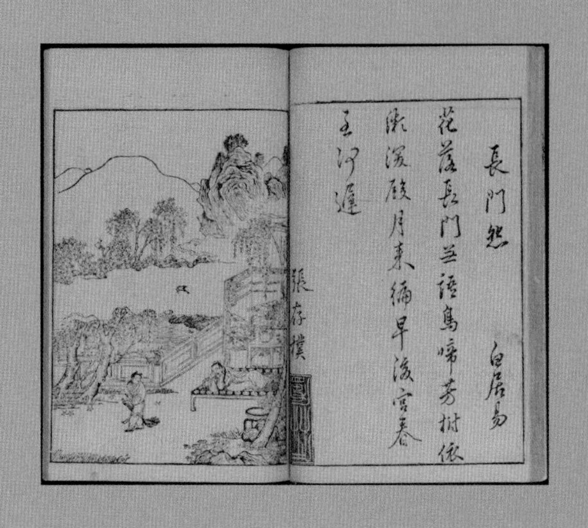

称抽象的语言。当这一特点运用于近体诗时，我们注意到它的意象部分有一种明确的非现实感，它没有真实的时空指向。如果一个名词没有指称这个或那个具体对象，那么它的指称就不是个体而是类型。同时，通过那些性质词的密集，近体诗的意象产生了生动的效果。”[1]

近体诗中的指称不是特指，带来更广阔的时间感和空间感，譬如“星垂平野阔，月涌大江流”的意向。

3. 那么诗在房子的目的，在房子的“诗意”，又追求的是什么呢？

回想令人神往的诗人的房子，杜甫草堂一定位列其中。公元 760 年（肃宗上元元年），杜甫结束了他长安十载、流徙四年的生活，在浣花溪畔的大柟树下修筑了草堂。此时眼中一切自然生物，都能引起他的诗思。“他在这短暂的安稳时期写了不少歌咏自然的诗。他所歌咏的，鸟类中有鹭鸶、燕、鸥、莺、黄鹂、凫雏、鹭、鸂鶒、花鸭；昆虫中有蝴蝶、蜻蜓、蜂、蚁；花木中有丁香、丽春、栀子、枇杷、杨柳、荷花、桃、李、桑、松、竹、桤、柟、柟树下的一片药圃。”[2] 诗中景色丰盈，时间轻缓，“檐影微微落，津流脉脉斜。……云掩初弦月，香传小树花。”（《遣意》之二）随着小园渐渐开辟，建设茅亭，栽植小松，交游稀少，生活闲散，诗更趋于内向沉静，“仰面贪看鸟，回头错应人；读书难字过，对酒满壶频。”（《漫成》之二）“相近竹参差，相过人不知。幽花欹满树，小水细通池。”（《过南邻朱山人水亭》）草堂之美，超越了任一个具体建筑的限制，我们沉浸在透过诗人之眼看到的世界里，也自然而然地期望，今日建筑在超脱物质的意境方面，能够有所负载。

1. 同上：93.
2. 冯至 . 杜甫传 . 百花文艺出版社 . 2004.

去大理石仓库，细看西奈珍珠，但是我们用量少，只能等大买家才能拆包。

2013 07

11

考虑各种柜子门的把手；细选大理石；开始焊楼梯

李师傅一再提醒要赶紧定下柜子门的把手，我们说再找找看。

把手虽是小构件，但对于我们这样的设计洁癖，还是挺棘手。目前市面上的把手，无论凸凹，只能买现成品，但不管是颜色质感，居然没有能和我们的室内家具颜色合一的，干脆再自己动手丰衣足食吧！

细选西奈珍珠

去看大理石，挑一下质地比较好的西奈珍珠。尽量少通长的缝，并且找比较均匀的。今天想，石材是用来应付窗前雨水的材料，尽管石材冰凉，但细看都是虫卵和贝壳的化石，像是有生命一样，也可以顺理成章地为一个家装提供温暖和想象。

石材还要考虑用哑光面还是用抛光面。终于决定用抛光面，工序也省一道，关键问题是确实需要耐脏。

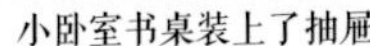

小卧室书桌装上了抽屉　　小卧室床头柜里做一层水曲柳饰面

小卧室书桌装上了抽屉

不能浪费空间，也不能堆砌形式。感受一下木纹和尺度，满意。

楼梯间放线，打出红外线

把楼梯设计图画在墙上。

在楼梯间红外线放线

这两天都靠棉绳上下楼

完成后的楼梯

2013 07

12

楼梯焊接

楼梯踏步进深 27cm

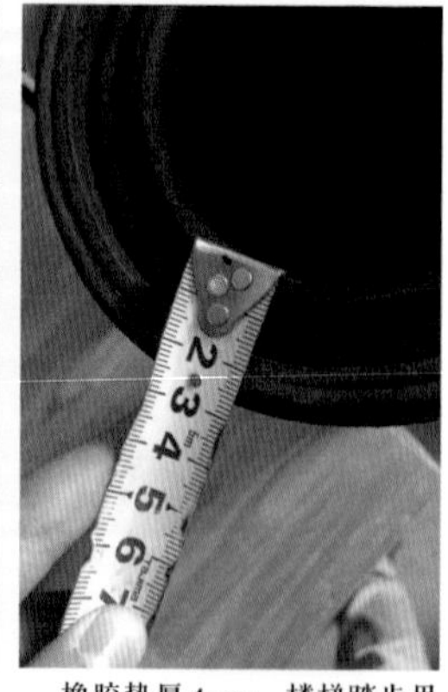

橡胶垫厚 4mm，楼梯踏步用

楼梯的焊接，一是与墙的连接，二是与楼梯中部的柱子和斜梁的焊接。我们还担心这样的焊法不结实，但是现场走上去，感觉还是很稳当的。

今天楼梯第一跑钢架已经焊好，要决定第一跑基座是否全部都包上水曲柳板。

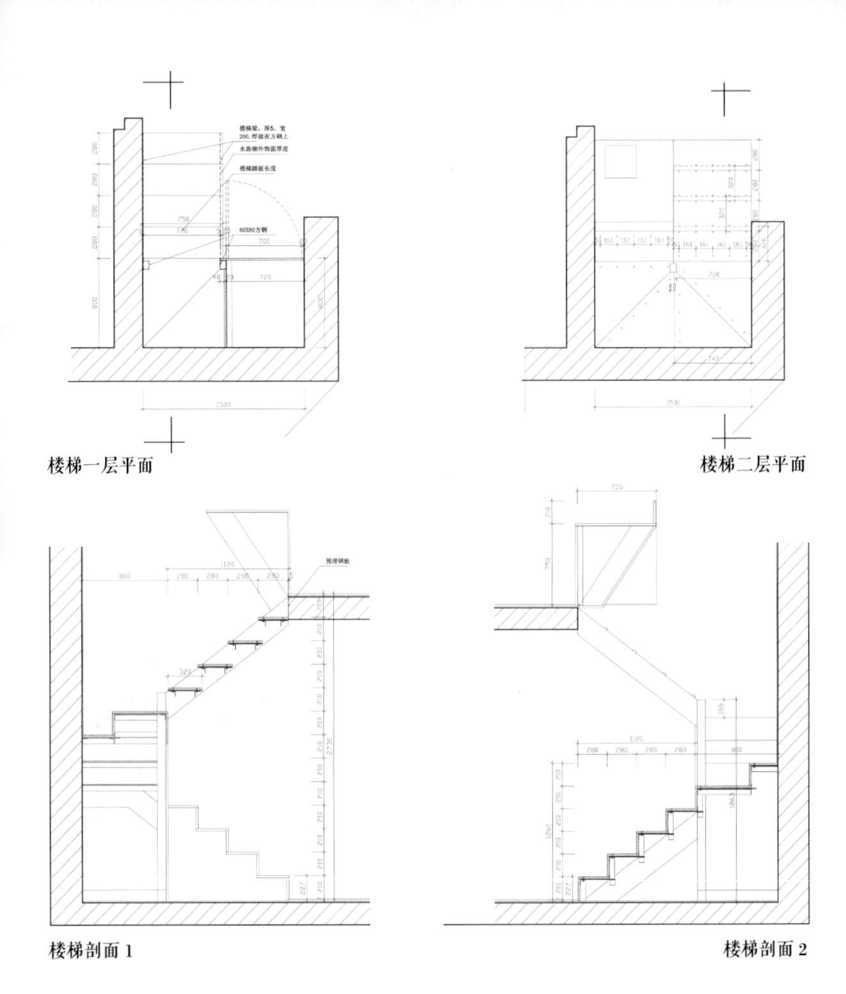

楼梯一层平面

楼梯二层平面

楼梯剖面 1

楼梯剖面 2

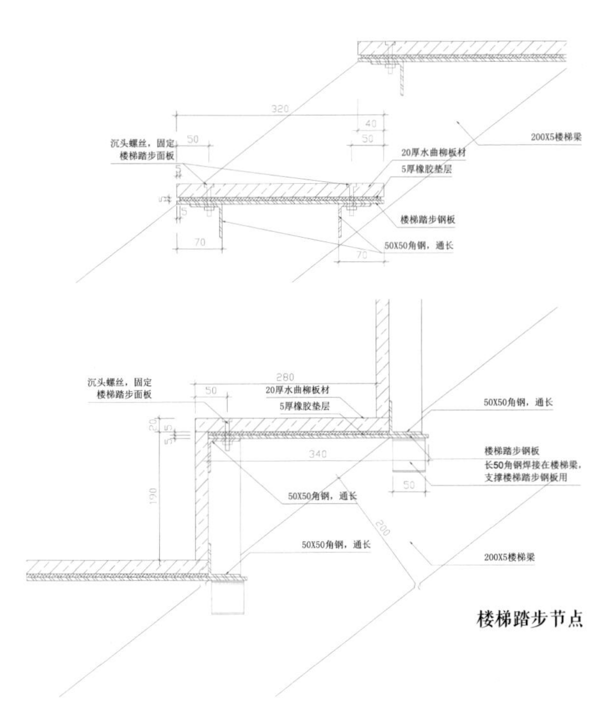

楼梯踏步节点

2013 07

13

—

底漆打磨

二楼阳台木格栅

今天打磨家具底漆，就像下过一场雪。尤其在小卧室的竹子隔扇门附近更有趣。二楼阳台木格栅已做好。一层镜柜成形。

2013 07

15

—

二层水池焊接方案设想

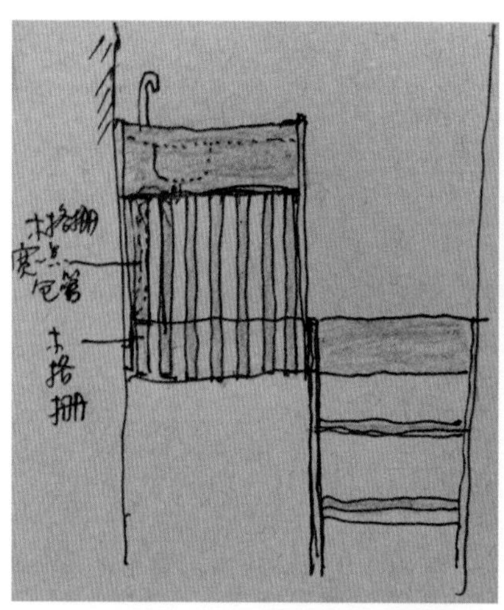

关键是计划挡水的钢板，下部储藏柜门的开启方式

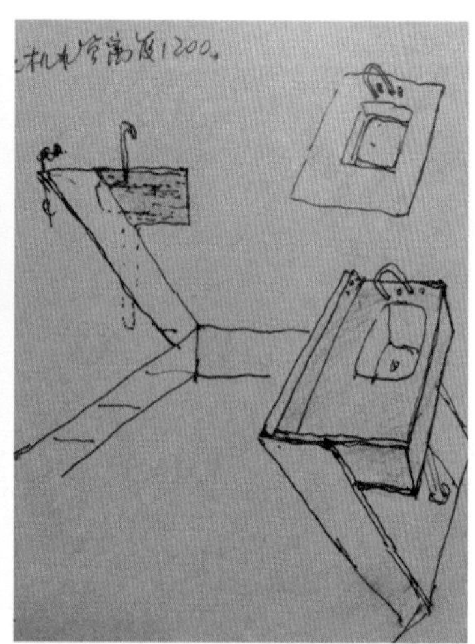

水台侧面轮廓，延续第三跑的坡度，木板和钢板之间的关系

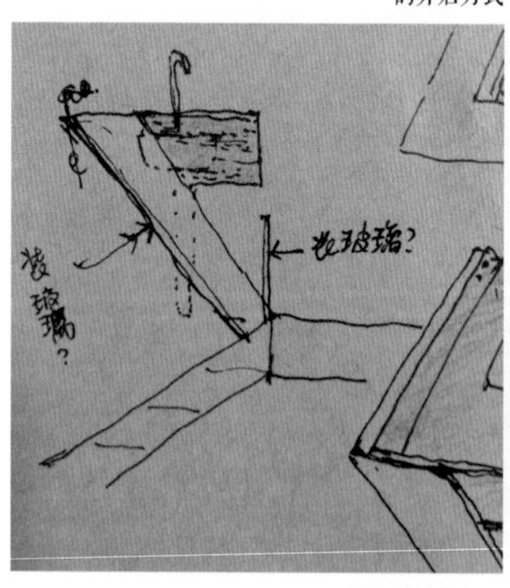

挡水玻璃的位置

朝向楼梯平台的立面，考虑用一块玻璃代替木格栅

二层水池原本计划在工作室的门洞里，楼梯做第三跑用来置物。因为一些原因，取消第三跑楼梯，水池仍然像原本方案里设想的，挪回楼梯上空。

那么水池该是什么样呢，和楼梯形式保持一致，还是第三跑出挑，直线斜度也一致。站在楼梯平台往上看，显然水台的下方应该是视线能够穿透的。水台最好是一个水曲柳的木台，中间嵌一个小小的吧台洗手池。

画了一些草图，一起推敲洗手台如何做。

完工后使用中的小水台

施工图上小水台的感觉

2013 07

17

—

幻想和诗意

九方宅的地下二层

去看九方宅

昨天，大家和董豫赣老师去了故宫看《千里江山图》，之后去看了九方宅。

董老师站在西院里，给我们讲他对于“希望房子看上去是什么样”和具体的手法之间的区别。二层卧室外的阳台上，尽端可以养花，养一盆藤，制造一片绿荫；也可以扩出一点宽度，在这里摆一张桌子，几个人喝茶聊天。

董老师说这房子里很多还只是概念，应该用身体的舒适性来慢慢修改它。

回想起来，确实还有些机会，把一些幻想变成触手可及的现实。

今天回到工地，看到二层的水台在焊接。楼梯踏步已铺上橡胶垫。

纯白厨房里唯一并非纯白的水曲柳橱柜

白色，不着地的幻想

厨房外订的橱柜已经基本安装好，通体白色。得承认，这是我们受过训练的建筑学的眼睛的偏好。白色只是众多可能中的一种，厨房若非墙壁上两个剖面变形的水曲柳橱柜，和其他房间氛围的差别就更大了。白色很抽象，屏蔽掉材料、时间的信息，唯独凸显空间。但这也是对人间烟火的拒绝，而我们设计房子，不就是为了人们细腻地体验生活吗？

傍晚的灯光和日光

一层小阳台茶间的侧壁，原本放置冰箱的木板墙外侧我们一致认为应当刷白，卫生间洗手池外的木板也应刷白。当时问李师傅，刷白如何。李师傅说，刷白就是墙呗。在我们心里，“刷白”链接的是纯粹的空间，是建筑学的最佳色彩。后来茶室侧壁刷白之后，发现真就是一堵白墙，好像把门洞口侧面推过来了。卫生间镜柜刷白之后，也变成了普通的东西。原本材料的真实细腻的生命痕迹和感情痕迹，也随着“刷白”，一起消逝了。但鲜活才是恒常，不能不感慨，概念和现实，真有一段需要三思而后行的距离。

竹屋与格栅屋

二层坡屋顶下悬挑的小房子，就像一盏大尺度的灯。白天，透过格栅，光线像绽开的几何花朵，铺洒在这片斜坡屋顶上。从明亮的几何体到模糊的光影融合，空间的魅力也随之绽放了。

不同时刻，格栅房子捕获的光线

饮茶图

笔记

1. 茶的意境在今天如何再现，这个问题似乎十分抽象；问题或可改为，当现实条件有限时，如何达到饮茶氛围呢？寻找和饮茶相关的图文，以求多获取一些茶的意境。

明代文徵明有一幅《茶具十咏图》，画家时年 65 岁，画后款署："嘉靖十三年岁在甲午，谷雨前三日，天池、虎丘茶事最盛，余方抱疾偃息一室，弗能往与好事者同为品试之会。佳友念我走惠二三种，乃汲泉吹火烹啜之，辄自第其高下，以适其悠闲之趣。偶忆唐贤皮陆辈'茶具十咏'，因追次焉，非敢窃附于二贤后，聊以寄一时之兴耳。漫为小图，遂录其上。衡山文徵明识。"文中写，因病未赴茶会，独自饮茶品茶，想起唐代皮日休和陆龟蒙的咏茶诗，因追忆延展出去无边无际的时间和空间。这幅画，或因独自品茶，或因追慕唐人逸事，更显朴素。但又因与古人对话，有了情感

[明] 文徵明《茶具十咏图》（北京故宫博物院）

的和想象的落脚，并不清苦寂寥，而是平淡自得，乐在其中。品茶的滋味，就在用朴素的心境和环境引发出的澄怀观道、怡然自得之中。

因此，并不一定需要每一次饮茶都有从茶具到礼仪的完备，而是需要一些抽象而又具体的元素，去唤起意境。有时是一篇文稿，有时是夕阳的斜照，有时是围坐喝茶的无话不谈，有时是一个布置精巧的角落，总之是平静而自由，来唤起心里对茶的感受。

2. 宋人的建盏

在宋代，建盏在各地普遍流行，深受喝茶斗茶者喜爱，因此仿制建盏的现象在其他窑口烧制瓷器中普遍存在。由于地域资源的差异，其他地区很难取得建宁地区的特色胎土：即含铁量丰富的胎土。所以他们采取了化妆土装饰的手法，在底部涂抹，取得黑色胎质的效果。这种仿制产品最优良者，是山西省的北部怀仁窑。其仿制品质量优异，尤其是成功仿制了建宁地区都不易烧制成功的油滴品种，可能因为窑的结构原因。建宁窑一些特殊品种是否也采用了特殊的窑，还未有考古发现。定窑也有仿制黑色胎质的，这对于以白色优良胎质著名的定窑而言，未必不是个幽默。河北河南也有底部涂黑的仿建窑品种，四川也出现几个窑口仿制建窑的现象。

[明] 文徵明《品茶图》轴纸本
142.31×40.89 台北故宫

山中茅屋是誰家
兀坐閒吟到日斜
俗客不來山鳥散
呼童汲水煑新茶
趙丹林

［元］赵原《陆羽烹茶图》

［南宋］刘松年《卢仝烹茶图》

2013 07

18

沉头螺丝买到，楼梯边缘做圆弧形边处理

楼梯已装橡胶垫

台阶踏步直角倒圆角

楼梯的沉头螺丝已买到。楼梯边缘为了防止上楼梯时不小心磕到，把直角倒角成圆角，这一处细节更加说明，木质楼梯始终是最适合在家里使用的。

二楼书架加装角码。

二楼书架加装角码

书架完工之后

2013 07

19

—

洗衣机房计划外门，楼梯初成

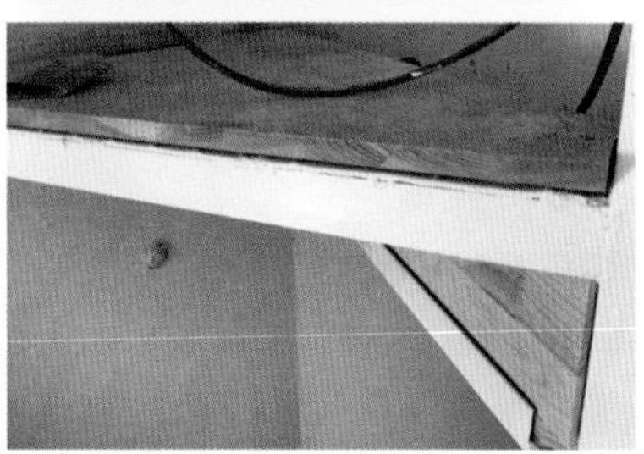

洗衣机房外门合页装在钢柱一侧，门的上方装一块木板挡钢板梁

楼梯初成

楼梯做好后，要用石膏板做好保护

橱柜露出的放微波炉的板子以及柜子侧板，都不是纯白色，事先也没有说明

2013 07

20

—

公装和家装

今天又到工地。橱柜已经装好，可惜露出的一部分面板不是我们要求的纯白色。面板烤漆有些瑕疵，还可以忍受，但没有完全按照合同操作，回来细看当时签的单子，选择的是纯白色的柜体，纯白色的台面，都是纯白色，为什么不执行合同，也没有解释，而是按照他们自己的惯性来？这就是很多行业不能健康发展的一个原因吧！

此外，在展厅里见到的开槽的拉手，拉回厨房里再看，感觉也没那么美好了。标准化的工业产品，无论多光鲜亮丽，搬一个回家去，终究会觉得只是工厂流水线上组装的一件东西。没有和工人的交流，没有每块料的加工过程，没有因地制宜的考虑，效率提高了，成本降低了，感情也就去掉了，最后就只变成了一件东西。当然，这只是私人的牢骚。

和李师傅讨论，在装修队看来，装修确实有公装和家装之分，公装就严格守规矩，家装凑合一下能住就好。工装做错了，会被扣款，家装做错了，只能住户忍耐。实在是本末倒置，坐在光鲜亮丽的写字楼里贩卖脑力和体力的人，回到家后难道不期望得到彻底放松和休憩吗？两相对比越是悬殊，越是让人心凉。

2013 07

23

—

三千小青瓦，咫尺弄涟漪

今天到工地，李师傅正在一片一片地洗小青瓦，三千片小青瓦，一片只0.01平方米。洗了一天多，洗出好几桶黑水，手也肿了。但是不这样，以后在室内使用，就会浮尘土。我们实在感谢李师傅的敬业。

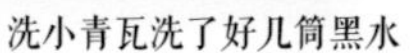

洗小青瓦洗了好几筒黑水

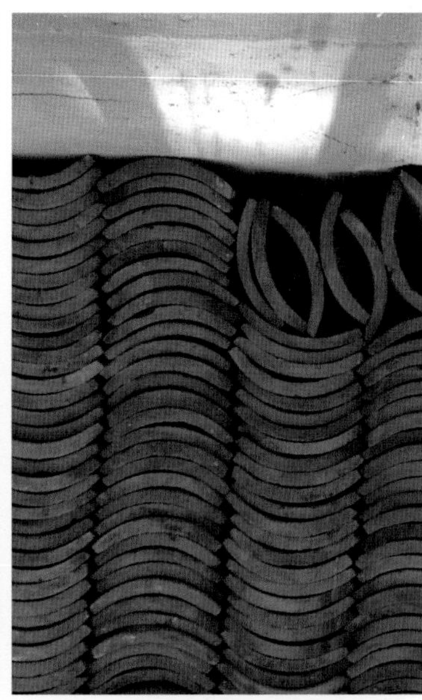

洗去浮土的小青瓦

2013 07

25

选把手

买回不锈钢门把手，在门上比划一下看看感觉

今天仍在犹豫，门、柜子的把手，究竟要不要呢？现成品的把手还是不够合适。

晚上在工地里，发现飞来了一只绿色的小草虫，落在湘妃竹格栅门旁边，还很般配。

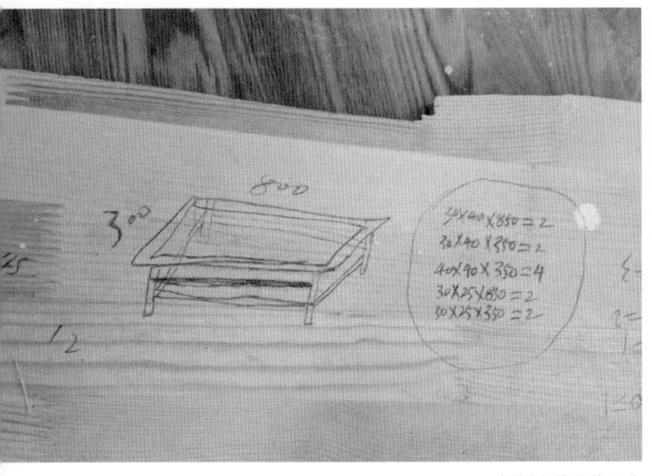

规划小茶几的尺寸

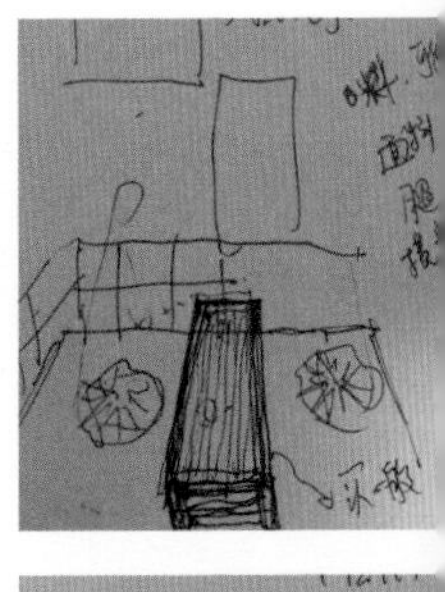

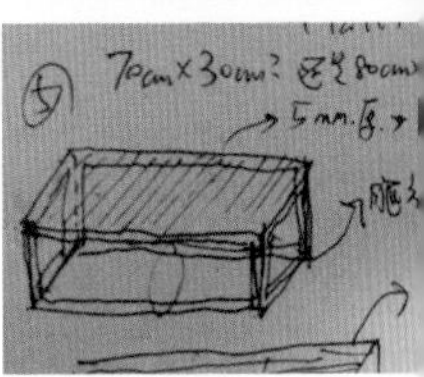

小茶几的草图

2013 07

26

—

小茶几定尺寸，门把手缠棉绳

在水曲柳小柜子上比划小茶几的尺寸，最后体验确认

和李师傅一起规划小茶几的尺寸。

缠棉绳

李师傅演示了一下缠棉绳，关键是要隐藏开端和结尾的线头。

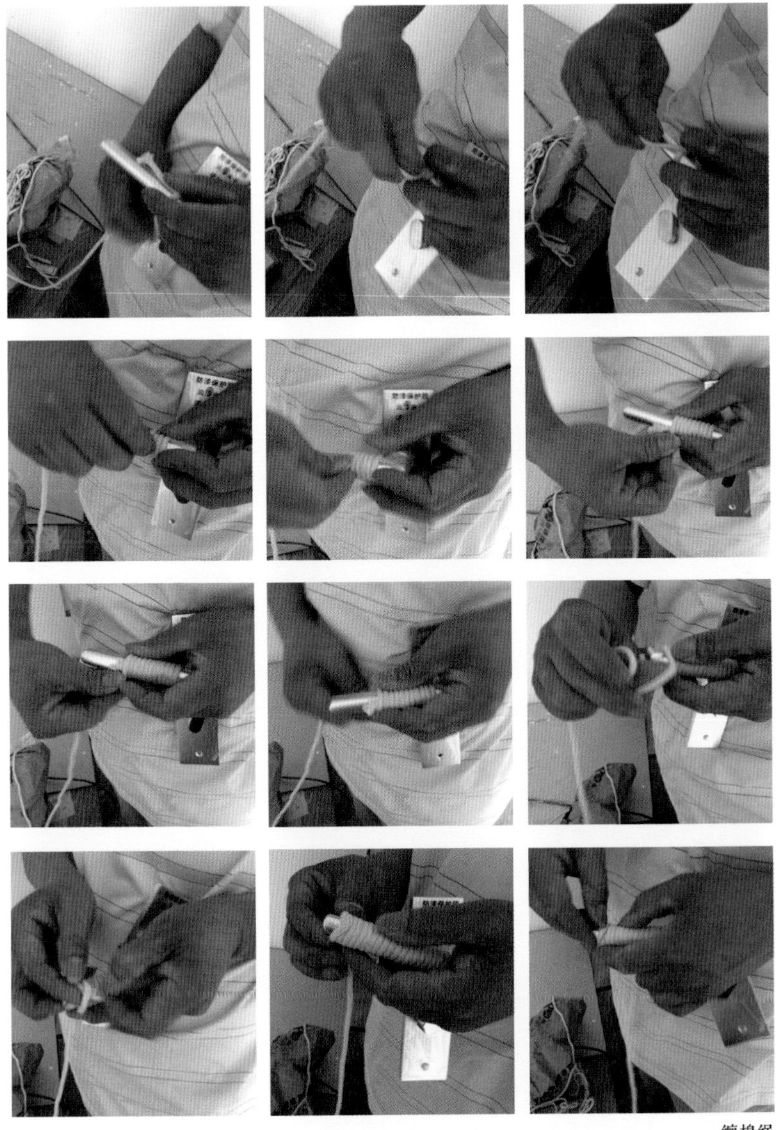

缠棉绳

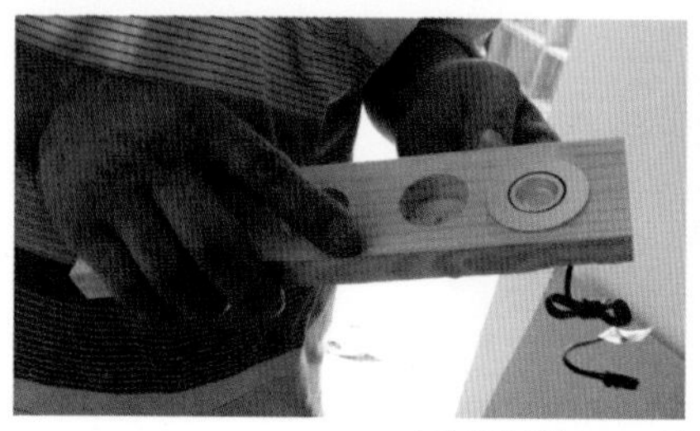

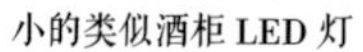
小的类似酒柜 LED 灯

小小一盏 LED 灯

2013 07

27

—

给二层灯带装 LED 灯

甲方买回几个小的简洁的 LED 射灯，放在二层灯带上一试，灯光不太亮，但形式很是玲珑可爱。需要多布置几盏。

几处灯装好了，又有新的感觉

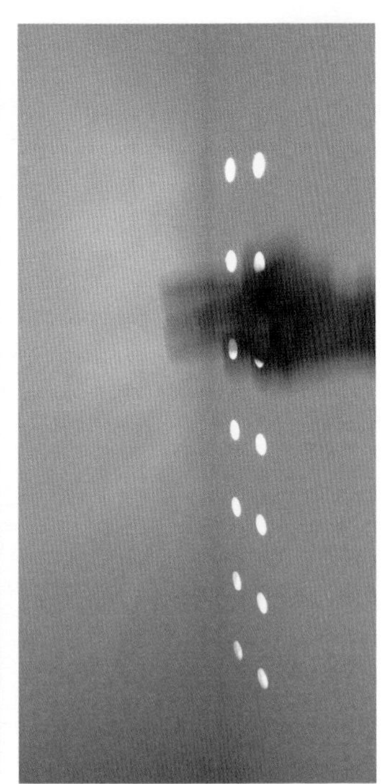

冰箱柜子在阳台的一侧贴上水曲柳的木皮

冰箱柜内侧开洞散热

冰箱柜子内部

2013 07

28

—

一层阳台刷白的冰箱柜子外部决定贴上木皮

楼下阳台的冰箱柜背板刷白之后，柜子变成了墙，未来倚靠容易脏。我们颇后悔之前的决定，还是贴上一层薄薄的水曲柳木皮吧。

拿不同的木地板回来试一试，也许是因为水曲柳的表现力很强，其他的木地板就显得平平了

2013 07

29

第一次选木地板

拎回来几块木地板在现场看一看，或深色或浅色，或橡木或水曲柳，与楼梯、榻最合适的是哪一种呢，还有宽度和长度的区别。感觉较修长、水曲柳花纹的会更合适一些。

2013 07

30

大理石窗台 柜门把手

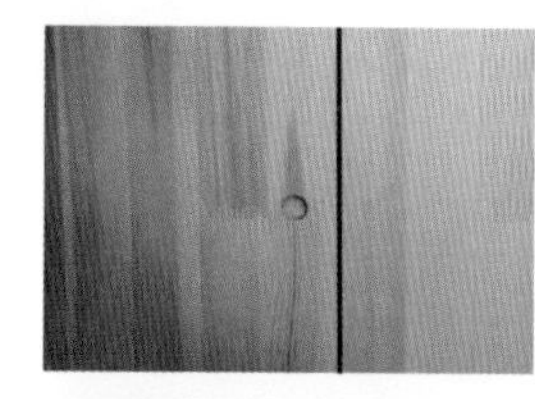

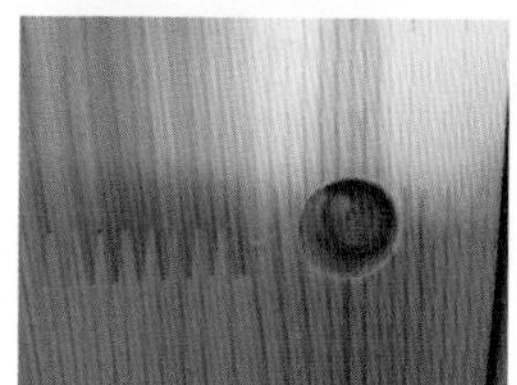

柜子门上的斜着钻一个小洞，权作扣手

柜门装上了不锈钢把手，但其实应该在下方做扣槽，可能更耐久一些

玻璃砖窗台，钢结构外覆盖一层大理石。不用木材的原因，为了防水和抗晒

窗台的石材和木制家具之间，都留出 1cm 宽的缝隙。大理石纹路远看像稻草，近看是虫卵化石

大理石进场有点晚，沙尘很大，把木板家具又弄上一层厚厚的灰。但是效果还不错，像木质本身一样朴实。

抽屉门把手

榻下抽屉的柜门已装上不锈钢把手，大小合适。

2013 08

01

大理石在继续做；卫生间的门安装地轴

卫生间玻璃门的地轴，特意选择了不带地弹簧的

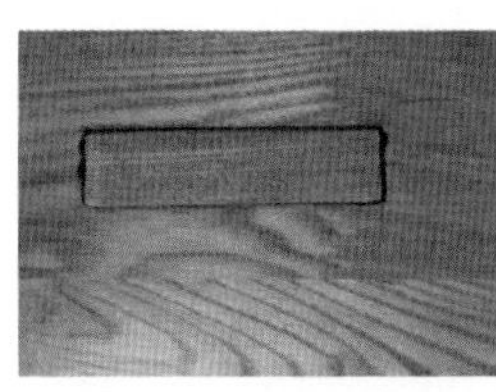

榻上的把手，切成圆弧形，平时可以隐藏在榻板里

榻上能掀开的几个板子已做了把手。试了一下，还比较容易拉开。这都是和师傅一起讨论的结果。

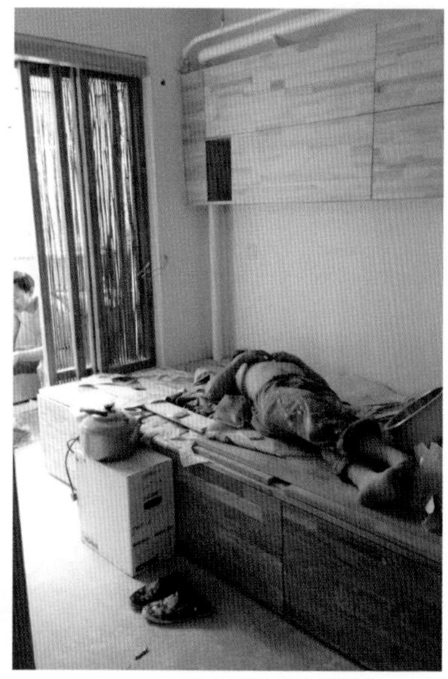

干活累了，中午在榻上躺一躺

2013 08

02

细察老榆木，麻绳到了，夕阳下的竹门

下午夕阳临近，长长的榻上堆着几根老榆木料，工地此时显得十分动人。阳光从西边的窗子照进来，竹子格栅投影在地上，窗外杨树冠叶摇摆，湘妃竹格栅筛过的光线不均匀地洒在地上，不停摇曳。看上去非常安静。

因为竹子本身有曲度，有韧度，长短不一，斑点不一。用现代产品的标准去审视，显得太野逸不整齐。但放下概念，坐在榻上体会，让人生出些如处竹林中的念想，也有点置身野外的静谧。原本计划在框上穿孔，穿入藤条或麻绳，来把竹子绷直，做好后都不舍得再给水曲柳门框上穿孔了，湘妃竹本身的枝杈和曲折，让这一组推拉门颇有张力。

老榆木的纹理和颜色

光线、窗外的树叶、风和湘妃竹本身的质感呼应，夕阳西下时，带来独特感受。

画意
笔记

（传）［宋］赵伯驹《江山秋色图》局部

1. 关于画意，若要询问今天画意引用的必要性、合理性以及可操作性，有两个问题：其一，画意为什么需要被甲方和创作者及同好欣赏和认同，以及能否被认同？其二，在今人的创作中，该以什么时间段的画意为本？对画意又该如何选择？

第一个问题，是设计的范畴。很多时候，功能组织初步完成，余下的问题不是形式的对或错，而是功能能否与美合一，能否用画意为房子赋予意境。为了把握画意，为了有更好的判断力，我总认为我们不能缺少这一课：练习眼力，辨别山与山的区别带来的细微差异；辨别画意指向的空间审美感受，对比在现实里的真实感受。

第二个问题，也许最好的回答来自波德莱尔对“现代性”的解释，“现代性就是过渡、短暂、偶然，就是艺术的一半，另一半是永恒和不变。”“……如果你们愿意的话，那就把永远存在的那部分看作是艺术的灵魂吧，把可变的成分看作是它的躯体吧。”[1]波德莱尔在提醒人们珍惜来自先辈的遗产。当我们必须在现实里定夺，就意味着必须去寻找宝藏。画意细腻而广阔，为什么一定要囿于宋元或明清？现实的选择完全可以是多重时间线索的交错与汇合。

1. 波德莱尔美学论文选. 郭宏安译. 人民文学出版社，1987：475-476.

（传）[宋] 赵伯驹《江山秋色图》局部

（传）[宋] 赵伯驹《江山秋色图》局部

（传）[宋]赵伯驹《江山秋色图》局部

2. 诗情画意最细腻且写实的作品，大概出自两宋的画家。涉及居住的画意，有一些画看似桃源仙境，但也在具体地描绘市井生活。王希孟的《千里江山图》或是赵伯驹的《江山秋色图》，人迹处处显露，却以模拟自然形态的方式来安顿人物的行迹。房舍的组合虽然只是几种院落形式而已，但错落于树林、安置于岸边、隐匿于云中，质朴而精彩。

赵伯驹的《江山秋色图》里，一户盘桓在山坡上。院墙是云墙般的夯土墙，山坳里斜飞起一道有护栏的精致台阶，山顶挑出连廊，围起家园，山坡的边缘又凌空跨出一角凉亭。在山脚下河岸上，一处院子隐匿在竹林中，颜色剥落，围墙好像架空在竹林里，当然，这只是想象，但围墙里也可能圈了一丛竹子，住在竹林旁，与竹亲密无间，又轻轻隔出自己的私人角落。画里的这些小房子，大概会让每一个看画的人羡慕，恨不能穿越回去，站在南宋的山头上吹一会儿风。

两块板子固定在木工台上，之间留出一条缝隙，恰好能卡住竹片，刨光竹子的侧面

一端用钉子，另一端用竹片抵着，刨光竹子的宽面

2013 08

05

楠竹的竹片一根根刨光，二楼灯带增加一排

到工地时，李师傅已在木工桌上钉好了工具，用来一根根刨光楠竹片。竹片表面是青皮，不用处理，其余三面都要刨光，必须把小竹片卡住。起先刨光青皮的背面（宽的面），用一根钉子钉在木工床上，再用左手手持竹片把楠竹顶住。而当需要刨光窄的一面时，就恰好可以把竹片竖起来，夹在两块松木指接板之间再刨光。

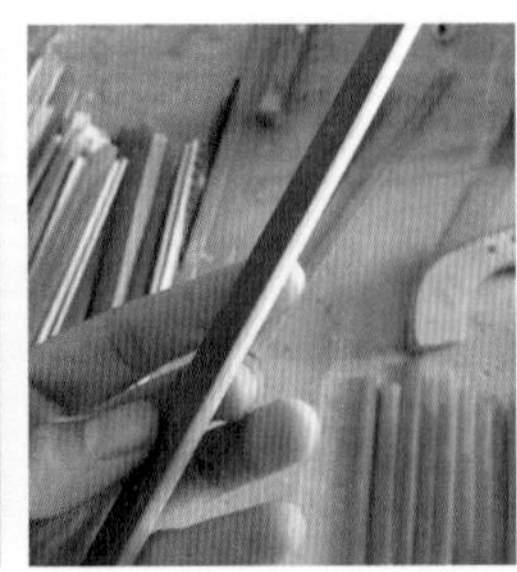

三面刨光后的竹片

竹片的刨花

再次体验到何谓费工，费工是针对成品质量而言的，家具最终都要和人体亲密接触，凡是手触摸的地方就必须有精致的打磨。形式的设计也给制作增加步骤。

灯带增补

发现二楼的灯带不够亮。爬到上面看看，是不是串灯的位置影响了洗亮顶棚？发现是需要再加一串灯，好在串灯很纤细，余留空间还够增补。

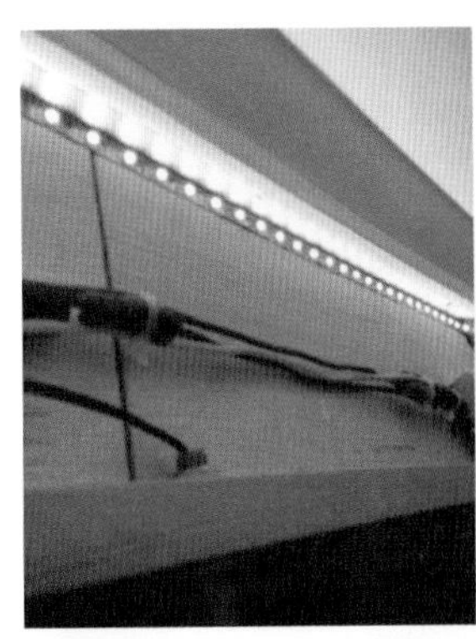

灯带只做一条不够亮，应并列再加一条

2013 08

06

—

茶几初成

先做几个面，留出榫卯口

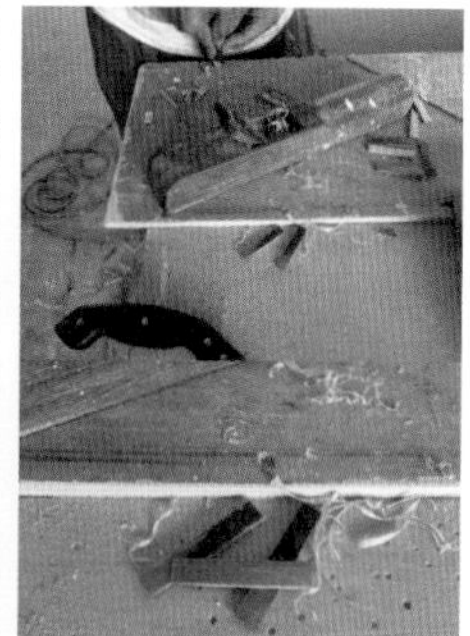

做竹楔子

用榫卯把几个面连接起来

锯掉多出来的腿

竹楔子上抹胶，钉进榫头里，给连接增加强度

刨光、打磨

没想到李师傅的速度这么快，前日在老榆木料上画好墨线，做好榫卯，今天再来，半天就已做出来了。具体程序是，先做每一面，再组装，组装时还需要再准备木楔子、竹楔子。楔子不能打在榫卯的中间。形式上，担心放不稳，一定要出四个茶几腿，不能和侧面齐平。

做成后再刨光。

成品

2013 08

07

大理石结晶打磨

打磨大理石有粉尘，全副武装才能工作。这件工作看起来真是很辛苦，但是也价格不菲。

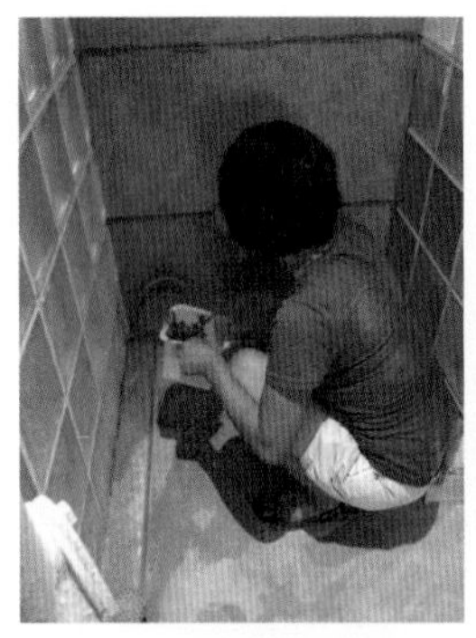

对大理石重新勾缝

用洗地机彻底清洗

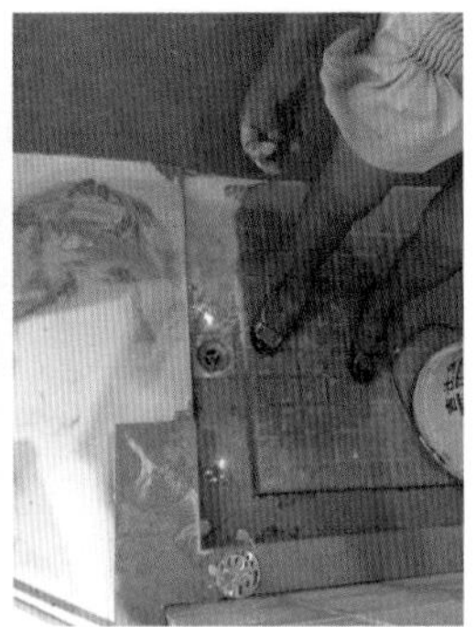

均匀涂抹结晶药剂

用结晶机研磨大理石地面

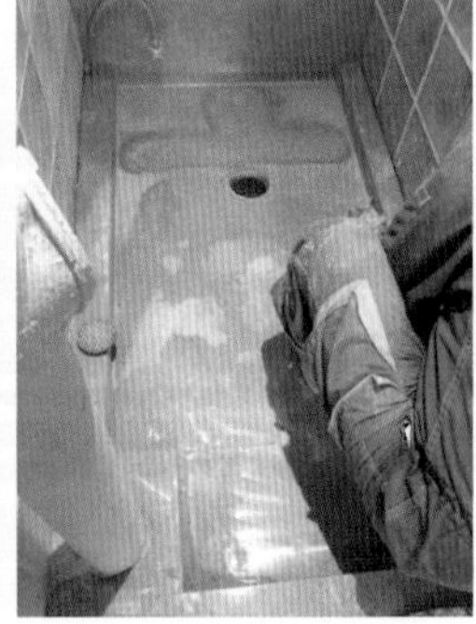

用抛光垫抛光，使地面完全干燥

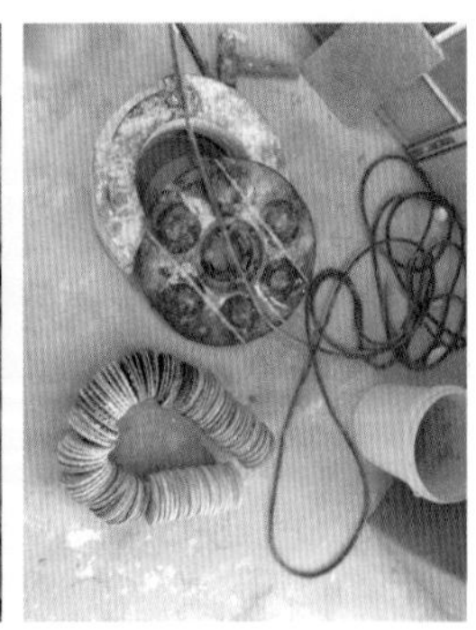

研磨工具

大理石结晶是石材表面的硬度强化，其原理是利用晶硬剂加上地刷机对石面的磨擦，使地面表层形成晶硬层（处理剂中的氟离子与表面溶离的钙离子反应，产生矽氟化钙结晶物），令石面不易受损，完成的大理石结晶表面有镜面效果。
结晶的步骤包括：1、洗地机将大理石表面彻底清洗；2、用纯净水将结晶粉调成糊状，均匀涂抹在研磨垫上；3、用结晶机配合结晶粉或结晶药剂开始研磨；4、大理石表面结成高光晶面后，清理地面残留糊状物；5、用抛光垫抛光，使地面完全干燥。

2013 08

11

——

你们家是欧式么

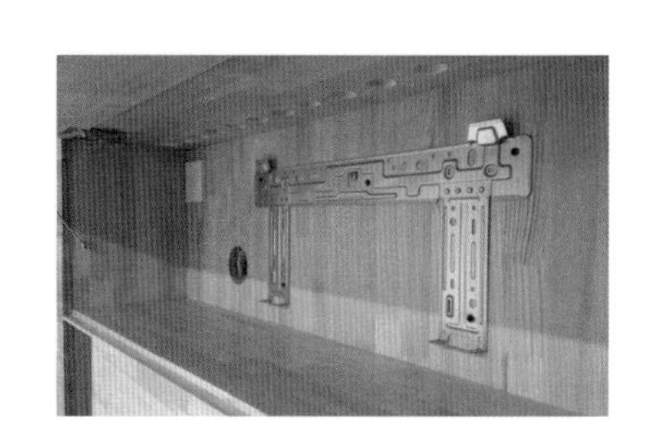

空调固定在书架背板上

今天装空调。

几个朴实的工人在干活。其中一人笑着问我，你们这装修是什么风格的？肯定不是中式的吧？是不是一种欧式的？我想，在有限的词汇里，为了表示对业主的赞许，一定要说一个比较高档的定语，比如日式欧式美式。就像前几天安装橱柜的人说附近某家装了一个更好更贵的，是红色、维多利亚式的。

然后师傅很严肃地说，其实这个房子就算想装欧式的，也没条件，因为欧式覆盖得多，空间就显小了。

欧式占地方，看来这是大家的共识。更让人不满的是，这些各种洋“式”的提法，是以表面花样掩盖空间探索的托词。

2013 08

12

普通玻璃钢化后颜色很绿，准备换超白玻璃

钢化玻璃门已取回，很绿，拿回一块超白钢化玻璃样品，透明度和颜色都好看多了。预算宽裕的话，还是应该选用超白玻璃

水台下方的玻璃倒影

市售的门锁切割了一侧，适应我们 40mm 厚的推拉木门

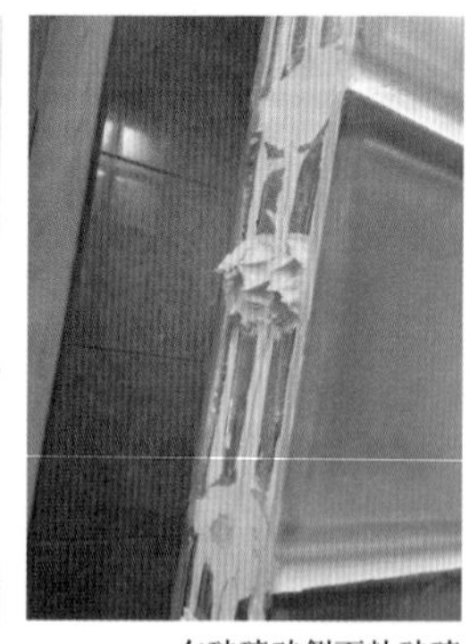

在玻璃砖侧面粘玻璃

二层水台装上钢化玻璃

玻璃这个材料，在概念里是纯洁和透明的，而事实让人头疼，玻璃的倒影和反光是给室内平添杂乱的东西。

卫生间也装上钢化玻璃，如我们所担心的，普通钢化玻璃太绿了，好难看。

2013 08

20

—

木地板再试

冰箱柜和墙之间出现裂缝

多拿了一些水曲柳表层的多层复合木地板回来试一试，发现和地台、榻、楼梯都很般配

多拿了一些水曲柳木地板，回来试一试，就这样确定了吧。

门洞裂缝

一层冰箱柜子周边出现裂缝，看来还是需要做出一条 1cm 的缝隙。

TIPS 木地板

木地板的选择，是在主要的家具颜色、材料都定下以后斟酌考虑。基本的影响，其一在于木地板颜色太深容易让空间显得小，让氛围显得沉重；其二在于木地板本身的质量和铺地板的技术。经过一个供暖季，铺的不好的木地板就会变形，缝隙变大、起拱。此外，浅色木地板和矮坐具更搭配。深色木地板和高坐具更搭配。浅色木地板更吸引人直接在地上坐卧。

先铺地垫，从一端开始铺木地板

切割木地板，有切到手的危险

一定要保证木地板之间咬合紧密，还是慢工才能出细活

2013 08

23

—

重订玻璃门，铺木地板

重新画了玻璃门尺寸图，重新去订超白钢化玻璃。
尺寸依然规划得事无巨细。

仅仅为了不截断木地板

早上10点，楼上地板的铺装已经完成了两间。我打开空调，降低点温度免得师傅挥汗如雨。晚上6点再到工地，已经装了一部分金属压条，但是金属压条和房间氛围极不相称，而且可能因为时间紧张，裁剪安装的质量不尽如人意。例如转折拼接45°角，十分粗陋，裁出的尖头很容易刮伤脚。叮嘱师傅一番，发现毫无用处。李师傅告诉我说，下午已经跟铺地板的师傅狠狠吵了一架。因为一层他一定要在两个联通的空间截断地板，留缝，加压条。这样他的活好干了，地板在这里却出现了缝隙。李师傅给厂家打电话才阻止。工地经验之一：每个工人都试图为自己省力，如果管理不到位，质量难以保证。

地板压条本不是这个人的能力可以做的，但也糊弄着做了。唯有返工。

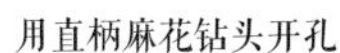

用直柄麻花钻头开孔

开孔沿着水槽外径，水槽选直径 25cm

2013 08

24

—

二层水台开洞装水槽

水台的开口方法真是让我没想到的“低技”，竟是通过钻无数的眼来实现的。不过现实施工就是这样，经常使用一些看似低技的方法。能解决问题是第一位的。

2013 08

25

今天缠麻绳

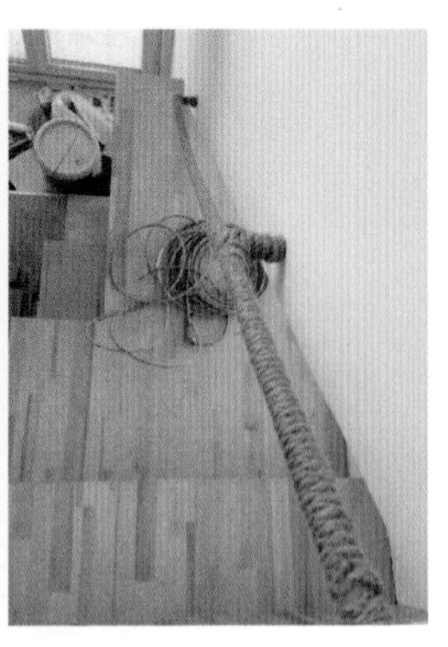

李师傅今天开始演示如何缠麻绳。缠到一半，他感慨地说，很多人做事只是嘴上功夫，一上手就手忙脚乱六神无主，这是缺乏耐心的表现。

2013 08

26

柜子门的转轴合页

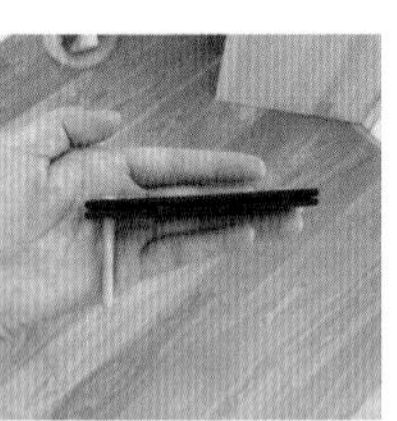

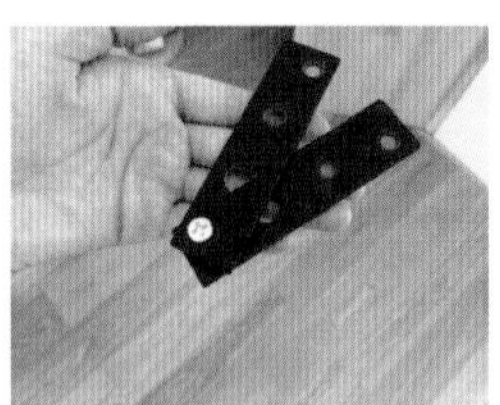

柜子门选用的合页之第一种，合页转轴靠近边缘，很合适这样厚度大的门使用，增大门开启时的洞口，减少门和门框之间的缝隙

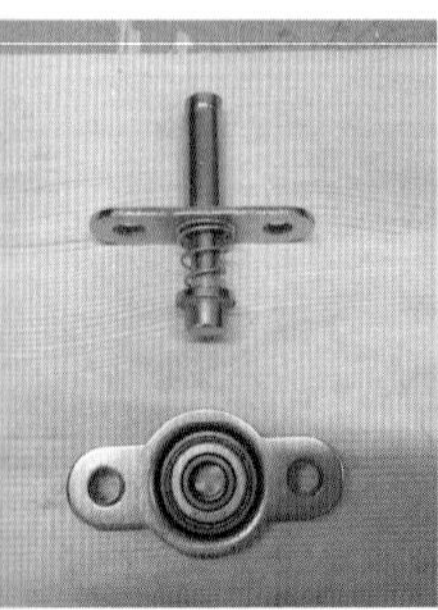

柜子门选用的合页之第二种，使用前需自己改造，截断一半，使合页转轴尽可能靠近门的边缘

固定在地板上的合页

为遮挡合页做一块固定门板

万向轮

单向轮

经过一番改造，柜子门装上合页了。由于异乎寻常的承重问题，厚实巨大的门的一侧有必要装轮子。惯性使然，师傅们用了万向轮，大概觉得既然是弧形滑动，轮子必须要适应方向变化。但实际效果非常不好，万向轮的方向经常因为一点点小变动而改变方向。还是用最初我们建议的定向滑轮吧，开门方向虽然是弧形，但这点方向变化还是可以忽略不计的。今天试用，果然好用多了。

此外，给柜子门里的转轮做一个小台阶遮挡修饰。

2013 08

27

—

二楼的柜子门，把万向轮换成单向轮

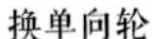

换单向轮

给柜子门里的转轮做一个小台阶遮挡修饰

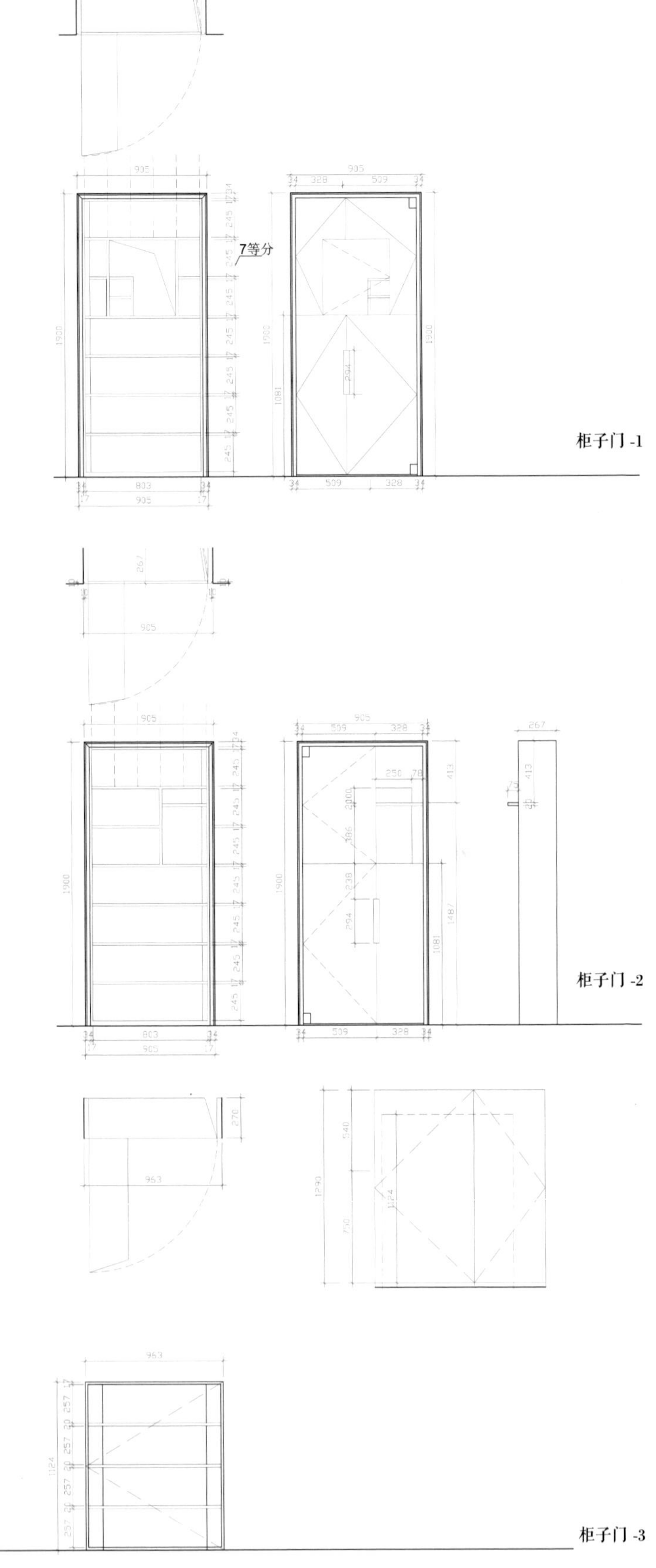
905
7等分
柜子门 -1
905
267
柜子门 -2
963
1290
1124
柜子门 -3

2013 08

29

—

瓦池上清漆

楼上阳台小青瓦清漆上完，可以使用了，脚感还是不错的，房主以后可以在这里劳作养花，顺带踩踩脚底，做个免费的按摩。

瓦铺地的脚感

早餐板

看上去窄窄的，但是一定会很顶用的。其实为了保险起见，风钩该做成上下两根，一拉一撑。

三角形压条来了样品

样子很低调，赞同选用。

早餐板用风钩固定

早餐板用合页固定在墙上，不用时可以放下

三角形木地板压条

2013 08

31

—

洗手台回水弯

一束光下的出挑水台

做一个回水弯

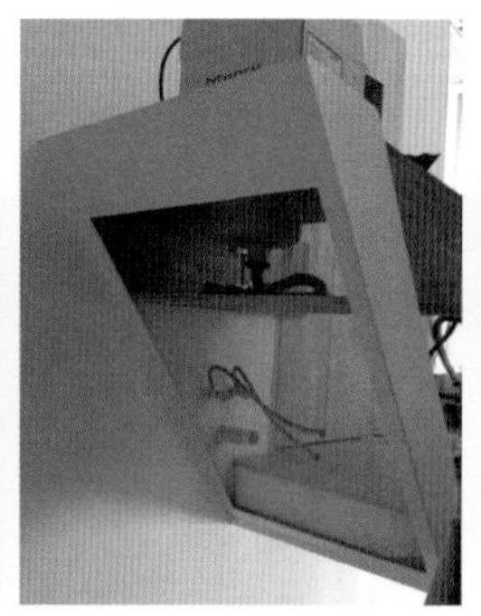

在楼梯平台上可以看到水槽内部，并不有碍观瞻，也显得轻盈

洗手盆小巧玲珑

二楼洗手台装毕。在下水管的下面，我们准备扭曲出一个回水弯。楼下的卫生间没有装物理回水弯，用了弹性防臭地漏，事实证明没有作用。还是最保守最原始的回水弯有用啊！

一层的超白钢化玻璃门重新做好运来装上。

装竹帘子

北方不常见人用，装上之后意境全出。

夕阳透过竹帘投下光影

2013 09

03

玻璃门上装胶条

磁性胶条

玻璃门密封胶条

玻璃门或者玻璃上有胶条以保证气密，是这几年才有的。之前门的气密性要求纯粹靠物理性的构造。也就是说，一扇门不漏气或者不漏光，门框上的 L 形构造设计至关重要。但现在有了这个胶条，开关门的时候也有了打开盒子那一声空气转换发出的轻微的“嗡”声。但塑料质的胶条是否经久耐用，还是个问题。

玻璃门把手，暂且找不到好看的，这个很小又便宜，就用这个先

门把手上缠棉绳，缠得青筋爆出

2013 09

11

—

上午到了几盆花

房子里来了一点植物。耐心地擦洗叶子也是很花费时间的事情，建筑需要植物柔化，花一点时间肯定是值得的。

高飞带着顶级的装备来拍房子

下午，邀请好朋友室内设计师高飞和他的同事来拍照。正是下午四点，风催着阳光，在屋内摇曳。他们上上下下看了一遍说，得赶紧，只为了捕捉阳光在西边的影子。而东向的室内，更好的时刻是傍晚七点前后，天色那时候蓝得像海。

照片拍完，调照片也是很麻烦的事情，因为需要注入情感。这和我熟悉的绘画理论同质，与我心有戚戚。

植物与园圃

笔记

［宋］苏汉臣 《秋庭婴戏图》